朴怡妮 编著

7分钟 Seven minutes makeup
画完最美裸妆

吉林科学技术出版社

图书在版编目（ＣＩＰ）数据

7分钟画完最美裸妆 / 朴怡妮编著 ． -- 长春 ：吉林
科学技术出版社，2015.8
ISBN 978-7-5384-9641-3

Ⅰ．①7… Ⅱ．①朴… Ⅲ．①女性－化妆－基本知识
Ⅳ．① TS974.1

中国版本图书馆 CIP 数据核字（2015）第 190171 号

7分钟画完最美裸妆

编　　著	朴怡妮
出 版 人	李　梁
策划责任编辑	冯　越
执行责任编辑	朱　萌
设计排版	长春世纪喜悦品牌设计有限公司
开　　本	710mm×1000mm 1/16
字　　数	200千字
印　　张	11.5
印　　数	1-8000
版　　次	2015年11月第1版
印　　次	2015年11月第1次印刷

出　　版	吉林科学技术出版社
发　　行	吉林科学技术出版社
地　　址	长春市人民大街4646号
邮　　编	130021
发行部电话/传真	0431-85635176　85635177
	85651628　85651759
储运部电话	0431-86059116
编辑部电话	0431-85679177
网　　址	www.jlstp.net
印　　刷	吉林省创美堂印刷有限公司
书　　号	ISBN 978-7-5384-9641-3
定　　价	35.00元

前言 PREFACE

裸妆的"裸"并非"裸露"、
完全不化妆的意思，
而是妆容自然清新，
虽经精心修饰，
但并无刻意化妆的痕迹，
又称"透明妆"。
裸妆的重点在于粉底要薄，
只用淡雅的色彩点染眼、
唇及脸色即可。
裸妆能令肌肤呈现出
宛若天然的无瑕美感，
彻底颠覆了以往化妆
给人的厚重与"面具"的印象，
成为时尚美女们
倍加宠爱的新潮妆容。
2分钟画完底妆，
1分钟画完眉妆，
2分钟画完眼妆，
1分钟立体修容，
1分钟画完唇妆。
7分钟画完最美裸妆，
你就是下一个明星。

目录 CONTENTS

CHAPTER 第一章

1 从零开始学化妆

11 妆前底乳的最佳选择

11 呈现健康光泽的珠光底乳
11 增添红润气色的粉色底乳
11 中和不良泛红的绿色底乳
12 击退黯沉的蓝、紫色底乳
12 带出自然柔和的肤色底乳
12 使轮廓更立体的白色底乳

13 美肌基础——粉底

13 光泽粉底液
14 细腻粉底膏
14 轻薄粉饼

15 从遮瑕走向无瑕

15 遮瑕液
16 遮瑕棒（遮瑕膏）
16 遮瑕霜

17 提升底妆战斗力——定妆

17 透明散粉
17 粉饼
17 珠光蜜粉

18 妆前的基础——修眉法

18 与五官相协调

19 眉妆的三个好帮手

19 眉笔
19 眉粉
19 染眉膏

20 色彩的演绎——眼影

20 粉状眼影
20 膏状眼影
20 液状眼影

21 突显眼部精致轮廓——眼线

21 眼线笔
21 眼线膏
21 眼线液

22 巧用睫毛夹

22 三段式夹法打造翘睫

23 刷出浓密扇形美睫

23 三段法打造扇形上睫毛

24 大眼神器——假睫毛

24 粘贴前的准备工作
25 假睫毛的佩戴方法

26 增添好气色——腮红

26 粉状腮红
26 膏状腮红
26 液状腮红

27 修容基础——高光与阴影

27 用自然光泽加强轮廓感
28 深邃紧致的视觉效果
28 自然修容的注意事项

29　色彩的魅惑——唇妆产品

29　唇膏
29　唇彩
29　唇蜜
29　唇线笔

39　粉底膏打造持久细腻肌肤
40　粉底液兼顾光泽与透明感

41　粉刷涂抹粉底
　　打造清透又具光泽的无瑕肌肤

41　用粉刷营造细腻清透感

42　粉底与肌肤融合
　　遮盖力更持久

42　用化妆海绵提升贴合度

43　根据肌肤状况选择适合的
　　遮瑕产品

43　遮瑕棒
43　遮瑕液
43　遮瑕膏
44　修饰局部色斑与粉刺
44　淡化大范围的斑痕
45　快速解决脸部干燥与黯沉
45　隐藏眼周的细小干纹
46　消除法令纹，焕发年轻光彩
46　画线法修饰循环型黑眼圈
47　隐藏循环型黑眼圈
47　遮盖眼袋型黑眼圈
48　消除恼人的红潮肌肤
48　矫正唇周嘴角的色素沉淀
49　遮盖红肿发炎的痘痘
49　遮盖不平整的痘痕
50　隐藏脸部毛孔，营造自然效果
51　修饰鼻部的毛孔粗糙

52　用高保湿粉底液与遮瑕液
　　呈现水润透白肌肤

52　塑造水嫩清透的肌底
53　局部遮盖使肌肤更透白

54　分区涂抹浅、深色粉底
　　搭配高光凸显紧致立体

54　用深浅变化突出立体感

55　选择具有透明感的粉饼
　　妆容重点是要轻轻地涂抹

55　消除水肿并改善肤色

CHAPTER 第二章

2 2分钟
画完底妆

31　简单按摩打造活力肌底

31　消除水肿并改善肤色
32　促进代谢恢复紧致

33　通过按摩与使用眼部产品
　　改善眼部肌肤状况

33　修饰过凹眼窝与下垂眼尾
34　淡化青色黑眼圈
34　改善茶色黑眼圈

35　妆前补水
　　使肌肤更加润泽

35　妆前补水使妆容更持久
35　集中滋润抵干燥

36　根据自身肌肤状况与肤色
　　选择合适产品

36　珠光底乳——呈现健康光泽
36　蓝、紫色底乳——击退黯沉
36　肤色底乳——带出自然柔和
36　粉色底乳——增添红润气色
36　绿色底乳——中和不良泛红
36　白色底乳——使轮廓更立体
37　妆前底乳打造无瑕肌底

38　根据自身肤质与肌肤状况
　　选择粉底打造无瑕肌

38　粉底霜塑造滋润光泽底妆

56　只用隔离霜、遮瑕蜜与蜜粉
　　打造无瑕透明感素颜底妆

56　隔离霜打造零毛孔美肌
57　修饰瑕疵，提升肌肤质感
57　塑造妆容清透感与立体感

58　问与答 [Q&A] 画底妆会遇到……

CHAPTER　第三章

3　1分钟画完眉妆，和毛毛虫说 bye-bye

61　据脸型修整眉形打造完美的眉妆

61　确认眉头、眉峰与眉尾
62　眉形与脸型的搭配
62　圆形脸
62　方形脸
62　长形脸
62　菱形脸
62　眉形种类
63　画眉妆前的基础修眉
64　眉笔——描画毛发般细线
64　眉粉——营造自然的眉色
64　染眉膏——定型与提亮眉色
64　眉镊、眉剪、眉刀——用于修剪眉形
64　眉刷——用于蘸取眉粉

65　用眉粉调整两侧眉毛的高度

65　从中心轮廓线开始调整

67　调整眉峰弧度
　　适度提升眉头的宽度

67　柔和修饰出眉形的曲线感

68　用眉笔矫正眉形提升眉毛饱满度

68　塑造出饱满的柔美自然眉

69　搭配使用多种眉妆产品
　　按照顺序描画

69　综合利用产品提升立体感
70　塑造自然清晰的立体眉妆

71　利用柔软的眉粉或棉棒
　　晕染出自然的眉形与眉色

71　双色眉粉打造自然饱满眉形
72　借助棉棒晕染自然柔和眉色

73　用染眉膏固定眉形、提亮眉色
　　提升整体的协调感

73　双向分段调整眉毛色调

75　保留自然粗眉
　　眉形的弧度不要过大

75　保持粗度的随意感双眉

77　调整眉色的浓淡提升眉尾存在感

77　刚柔相济的平衡饱满双眉

78　问与答 [Q&A] 画眉妆会遇到……

CHAPTER　第四章

4　2分钟画完眼妆，成为聚睛的焦点

81　6种眼形眼妆解析

81　丹凤眼——将重心向前移
81　下垂眼——将重心向后移
81　凹陷眼——凹陷的眼窝处加入高光
82　单眼皮——重点色薄而有层次
82　长形眼——用深色包围两侧
82　圆形眼——将重点色涂薄并拉长

83　了解各类眼妆工具

83　眼影工具
83　眼线工具

83　睫毛工具

84　常见的眼影种类

84　粉状眼影
84　膏状眼影
84　液状眼影

85　上眼影前的打底

86　同色调多色眼影的涂法

87　不同色调多色眼影的涂法

88　常用的眼线产品

88　眼线笔
88　眼线膏
88　眼线液笔

89　眼线的基础——内眼线

90　散发妩媚气息——上扬眼线

91　营造柔和印象——下垂眼线

92　修饰单眼皮——粗眼线

93　修饰内双眼皮——纤细眼线

94　自然缩短眼距——内眼角眼妆

95　丰富色彩与质感——双色眼线

95　褐色眼线膏＋白色眼线笔
95　黑色眼线液＋闪亮眼线液

96　根根分明的下睫毛

97　睫毛膏种类与选择

97　根据自身睫毛选择刷头
97　卷翘型睫毛膏
97　纤长型睫毛膏
97　浓密型睫毛膏
97　防水型睫毛膏
97　双头型睫毛膏
97　透明型睫毛膏

98　假睫毛类型与款式

98　假睫毛款式

98　棉线梗假睫毛
98　透明梗假睫毛

100　眼妆补妆

102　眼妆问与答 [Q&A]
　　　消除常见眼妆疑惑

CHAPTER 第五章

5 1分钟立体修容，小脸立刻显现

105　将脸部分为三部分进行修容

105　腮红区——红润脸颊的最高点
105　高光区——光线集中的部位
105　阴影区——收紧轮廓的位置

106　选择适合自身肤质的腮红产品和可以修饰脸型的腮红手法

106　粉状腮红
106　膏状腮红
106　液状腮红
106　圆润腮红——可爱的圆形腮红
106　自然腮红——优雅的月牙形腮红
106　平行腮红——健康的椭圆形腮红
106　收敛腮红——精致的心形腮红

107　提升可爱印象的圆形海绵
　　　重点是从颧骨中央开始画圈晕开

107　甜美可爱的圆形腮红

108　滋润的膏状腮红搭配海绵
　　　使腮红更服帖持久

108　服帖持久的膏状腮红

109　使用膏状与粉状腮红
　　　呈月牙形涂抹，显色更自然

109　柔嫩光泽的红润肤色

111 大面积晕染与中央处的涂抹相结合
用层次感修饰脸型

111 柔和饱满的幸福感腮红

113 以横向滑动的手法加入橘色
享受日光浴般的健康气色

113 横向涂抹打造健康印象

114 通过多色涂抹以及浓淡变化
提升脸部层次感

114 层叠式腮红体现脸部层次
115 米色 + 粉色紧致脸部轮廓
115 自然的浓淡渐变效果

116 以轻轻滑过的方式
在阴影区域轻薄地添加阴影粉

116 用阴影色收敛脸部轮廓

117 用高光粉与阴影粉制造出光影效果
强调立体挺拔的鼻梁

117 高挺鼻梁凸显出立体轮廓

118 通过着重提亮自然地强调轮廓
凸显透明立体光泽

118 柔和地强调脸部立体感
119 脸颊倒三角区的细腻提亮

120 问与答 [Q&A] 涂腮红会遇到……

CHAPTER 第六章

6 1分钟画完唇妆,
让妆容活起来

123 了解唇形中的基本要素
利用适宜的唇妆产品进行修饰

123 唇形的 6 个基本要素
123 唇妆产品

124 上唇妆前使用润唇膏与遮瑕膏
滋润肌肤、隐藏干纹

124 滋润打底提升唇妆效果

125 按照顺序勾勒出流畅的唇线

125 流畅唇线强调饱满唇形

126 通过重复涂抹与重复按压
加固膏体并提升其贴合度

126 夹层式涂抹使唇色持久

127 通过遮瑕与唇线修饰嘴角
用局部修饰提起线条

127 上扬的嘴角提升好感度

128 通过改变唇形、涂抹手法、颜色
对比隐藏唇部瑕疵

128 纵向涂抹唇膏,隐藏唇纹
129 修饰偏薄的唇形
130 修饰唇色偏深的厚唇
130 颜色对比提升唇部平衡感

131 橘色与樱桃色唇膏的重叠涂抹
呈现出自然的血色双唇

131 浸透血色的极美健康裸唇

132 选择浅色系的唇膏
营造弹性十足的质感

132 水润丰盈的少女粉嫩唇妆

133 有层次地涂抹唇膏
用唇彩使颜色自然过渡

133 层次分明的樱桃渐变蜜唇

135 粉色是约会妆的最佳选择
粉嫩的双唇大大增加了甜美感

135 精巧的浪漫粉红双唇

137 问与答 [Q&A] 画唇妆会遇到……

CHAPTER 第七章

7 7分钟画完常用裸妆，时尚起来很简单

140 柔和妆感变身韩剧女主人公

142 营造楚楚动人的粉色泪眼

144 属于夏天的清爽约会妆

146 樱花般浪漫的粉色妆容

148 用眼影"客串"魅力眼线

150 用蓝色表现纯净灵动质感

152 韩范儿十足的优雅妆容

154 如精灵般的薄荷绿眼线

156 谁都想学会的魅力小烟熏

158 神秘感十足的梦幻紫罗兰

160 清纯又性感的红色诱惑

162 极具好感度的讨喜妆容

164 性感犀利的猫眼妆容

166 可爱无辜的小狗眼妆容

168 冷感十足的棕色烟熏妆

170 打造洋娃娃般的大眼睛

172 月夜下绽放的玫瑰女神

174 温暖橘与优雅卡其的交织

176 找回平衡的浓情双眼线

178 少女时代的女神妆容

180 成为派对中最抢眼的主角

182 黑色烟熏的高雅魅惑

第一章

从零

开始学化妆

◎精致妆容少不了基础上的功夫，从打底到修眉，从产品到化妆手法，根据实际情况进行灵活的调整，使妆容更具生命力，提升完美质感。

◎即使是基础的化妆手法，若忽略了细节也会产生瑕疵，用细节打造进一步的完美度。

7分钟画完最美裸妆

妆前底乳的最佳选择

用于基础护肤后的妆前底乳，主要起到防晒、保湿及修饰毛孔的作用，而具有润色功能的妆前底乳通过色泽矫正肌肤问题，比遮瑕霜的效果更自然，根据肤色特点选择不同颜色的妆前底乳，可以达到事半功倍的效果。

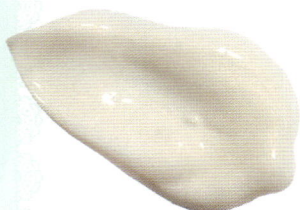

呈现健康光泽的珠光底乳

妆前底乳中的珠光微粒具有折射效果，可以将毛孔与细纹隐藏起来，促肌肤显现自然光泽，从底层透出微微光泽，提升五官的立体感。可以与粉底液、遮瑕霜等产品调和使用，增强底妆的亮泽度。

增添红润气色的粉色底乳

可以增添脸部的红润度，适合惨白无气色的肌肤。修饰斑点、黑眼圈等问题，打造红润的健康肤色。

1. 用指腹将粉色底乳轻点在下眼睑需要修饰的部位，轻轻拍打，并向眼睛周围涂开。

2. 用海绵块从内向外轻轻拍按眼睛下方，使底乳更加服帖。

中和不良泛红的绿色底乳

用于局部修饰敏感的肌肤，中和脸部的泛红区域。可以局部修饰泛红的青春痘、微血管扩张造成的皮肤泛红及红血丝。使用时要控制用量，避免过量使用，使肤色变得泛白或泛青。

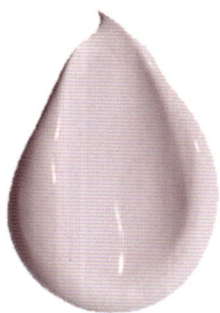

击退黯沉的蓝、紫色底乳

　　适合亚洲人的肤色，涂抹后可以很好地中和肌肤的泛黄，使肌肤变得洁净透明。

　　改善黯沉、泛红的肤色，使肌肤显得白皙、清透。用量不宜过多，可以用于两边鼻翼外侧和唇角局部黯沉部位。

带出自然柔和的肤色底乳

　　作为修容的基础色非常适合东方人使用，带出自然柔和的好气色。

　　修饰黑眼圈、明显的毛孔与不均匀的肤色，可以中和肤色黯沉感，提升肌肤的明亮度。

　　用指腹蘸取肤色底乳涂抹在T字区、鼻翼处的凹陷毛孔，从各个角度向毛孔按压贴合，能够更好地抚平毛孔。

POINTS
小提示

选择饰底乳颜色的时候，
要选择与自身肤色色差较小的产品，
才会使妆效更加自然。

使轮廓更立体的白色底乳

　　适合原本就较为白皙的肌肤，可以打造出立体的小脸妆容。

　　用于修饰斑点、黯沉肤色，可以增加肤色的明亮度、白皙度与透明感。

　　肤色不够白皙的情况，可以局部用于T字区、颧骨或下巴部分进行提亮。

1. 用指腹将适量的白色底乳点涂在整个脸部，并均匀地涂抹开。

2. 用粉扑轻轻按压肌肤，吸除多余的油脂，提升遮盖持久力的同时使饰底乳的色泽与肤色自然地融合。

美肌基础——粉底

想要自然完美的底妆效果，粉底产品的选择是很重要的一环，
不同的粉底类型具有不同的质地特点与突出功效，
了解各类粉底的特点与涂抹手法，根据肌肤情况选择适宜自己的粉底。

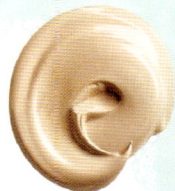

光泽粉底液

含水量高、延展性较好的粉底液适用于中性、偏干性肤质的人群，可以使底妆达到自然薄透效果的同时保留住肌肤的润泽质感。触感接近乳液，效果自然，适合打造日常妆容，化妆初学者使用粉底液会更加顺手。

1. 用指腹蘸取适量的粉底液，分别点涂在两颊、额头、鼻头与下巴。

2. 从脸颊中部开始向外呈放射状均匀涂抹，伴随按压动作将指腹向下移至整个脸颊。

3. 用指腹从鼻侧移至中央，将粉底覆盖在鼻部。容易出油的鼻部要反复薄薄地涂抹。

4. 用中指与无名指将额头上余下的粉底液涂抹均匀。从眉间开始呈放射状涂抹。

5. 嘴角处是容易卡粉的部位，用手指将唇周与下巴部位的粉底仔细地涂抹均匀。

6. 用海绵块轻轻拍按全脸，使粉底轻薄均匀地与肌肤紧密贴合，提升粉底的持久性。

POINTS 小提示

要用指腹将发际线部位的粉底晕染均匀，避免产生明显的分界线。

细腻粉底膏

　　粉底膏的附着性、保水性强，具有较强的持久性与遮盖力，但因为油性成分较高，比较不透气，所以并不适合油性肌肤或是年轻肌肤。

　　质地厚重，延展性较差，不易涂抹，不适合化妆初学者。在粉底膏中混合适量的保湿乳液可以使膏体更容易延展开。

1. 从颧骨部位开始，以推抹并轻按的手法将粉底膏均匀地涂抹，涂抹完一侧之后，补充点粉底后涂抹另一侧。

2. 用海绵块从眼角下方开始呈放射状涂抹脸颊，避免从下眼袋部位着手，否则会使眼周肌肤看起来过于干燥。

3. 完成底妆后，将保湿化妆水喷雾在距离脸部一定的位置上喷向脸部。将双手掌心相互搓热后，轻轻按压脸部，利用手掌的温度提升粉底膏的服帖度。

轻薄粉饼

　　粉饼便于携带，适合在补妆时使用。单独使用时可以作为粉底调整肤色，与其他粉底产品结合使用时，可以起到定妆的作用。

　　比散粉贴合度好，也有较好的控油效果，但是滋润度与光泽度不理想，当肌肤干燥的时候，容易产生浮粉的现象。

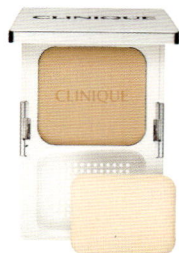

1. 用粉扑蘸取粉底，从脸部中央向外侧推抹按压，保持微笑，顺着脸颊的肌肤纹路滑动，并向下延展开。

2. 用粉扑上的余粉轻轻按压眼周、T字区等容易脱妆的部位，毛孔明显的地方用粉扑由上向下涂抹，避免堆粉。

3. 下颌与唇周部位的粉底要涂抹得薄一些，用粉扑上的余粉轻按，嘴角处用海绵尖角调整。

从遮瑕走向无瑕

遮瑕产品主要用于遮盖面部的黯沉部位或者瑕疵，
能够显著地提亮面部的整体色调，使肌肤看起来更加洁净。
根据肤质的情况来选择不同质地的遮瑕品，可以使遮盖效果增倍。

遮瑕液

　　质感柔和湿润，展开性强，可以轻松遮盖瑕疵，并起到矫正、提亮肤色的作用，敏感肌肤也适用。一般用于遮盖黑眼圈、细纹、唇周瑕疵，但是比起其他类型的遮瑕产品，遮盖力较弱。常见的产品为蘸取型与笔型两种。

　　涂抹后等待 1～2 分钟，稍待水分吸收后用指腹晕开，防止堆积。

　　遮瑕液具有高光效果，在 T 字区涂抹可以使五官看起来更加立体。使用时加入少许散粉可以提升遮瑕的持久度。

1. 用富有光泽的遮瑕液，在斑痕区域斜斜地画上几笔进行遮盖。

2. 用指腹轻按并仔细推开画出的遮瑕液线条，推抹均匀至薄薄的一层，遮瑕的范围要比斑痕的范围大一些，与周边肌肤融合。

3. 用粉扑蘸取适量的蜜粉轻轻涂抹薄薄的一层定妆，使遮瑕效果更加持久。

POINTS 小提示

色斑容易在颧骨附近大范围出现，用质感柔软的遮瑕液与高光粉完美淡化色斑的同时保持肌肤轻薄透亮。

遮瑕棒（遮瑕膏）

　　质地较为浓稠，具有良好的遮盖力，适合用于遮盖较为明显的脸部瑕疵，如痘痘、色斑等，呈棒状的遮瑕膏也适合遮盖较为细小的瑕疵，如斑点，但含水量较低，延展性差，不适合过于干燥的肌肤。

　　用指腹或海绵块以轻拍的方式涂抹，等待 1～2 分钟涂抹粉底。

1. 用指腹将适量的绿色饰底乳点涂在痘痘周边的泛红肤色后，将黄色遮瑕膏点涂在痘痘的中央部位。

2. 用遮瑕刷或棉棒将遮瑕膏向痘痘周围均匀地延展开，使遮盖部位的妆色与肤色自然过渡。

3. 用海绵块将蜜粉轻按在遮瑕部位定妆，并提升肌肤质感与底妆服帖度。

POINTS 小提示

利用体温软化后涂抹，更容易推开膏体，也可以在使用时混合少量的粉底液以提升延展力。

遮瑕霜

　　质地的浓稠度与遮盖力都在遮瑕液与遮瑕棒之间，能够快速地矫正黯沉的肤色，既能局部遮瑕，也能用于全脸遮瑕，一般用于遮盖痘痕等较为明显的瑕疵，有单色的产品，也有含多种颜色的遮瑕盘。

　　错误的用法会使妆感看起来过于厚重，用小的遮瑕刷少量蘸取后，一点点地分层覆盖在瑕疵上。

1. 将化妆棉剪成一小块，用具有消炎、净化作用的化妆水充分浸湿后敷在痘痕处。

2. 用棉棒蘸取少量的遮瑕霜，轻轻地点涂在痘痕处，并将边缘晕染均匀。

3. 用遮瑕刷将遮瑕膏薄薄地涂抹在痘痕处，通过重叠涂抹加强遮盖效果。

7分钟画完最美裸妆

提升底妆战斗力——定妆

用粉饼或散粉定妆是底妆的最后一个环节，
利用粉扑与粉刷轻按、轻扫，均匀定妆，打造出底妆的通透感。
定妆粉的用量要越少越好，过厚地涂抹会使妆感厚重并出现卡粉现象。

透明散粉

可以展现出轻柔的肌肤质感。
主要利用粉扑或粉刷进行涂抹。

粉饼

可以展现出完美的遮瑕力。
主要利用粉扑或粉刷进行涂抹。

珠光蜜粉

可以展现出光泽的肌肤质感。
主要利用粉刷进行涂抹。

1. 定妆时要先从面积大的脸颊处开始，然后再涂抹额头、T字区、下巴部位，避免产生卡粉、结块的现象。

2. 用散粉刷蘸取少量的蜜粉，从额头部位开始向T字区轻扫，鼻部下方也要用粉刷轻刷均匀。

3. 用粉刷上的余粉轻刷脸颊、下巴、轮廓处，使蜜粉轻薄地覆盖全脸。

7分钟画完最美裸妆

妆前的基础——修眉法

描绘眉妆前先确定关键位置，并进行适当地整理，清除杂毛，

用修眉剪与眉刀清除轮廓外的眉毛，

无论采用何种方法，要避免过度修剪，适当保留眉周细小眉毛。

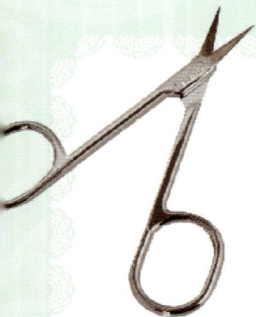

与五官相协调

适当的眉形可以提升眉妆的整洁度，修饰脸型。不要过度修剪，适当保留细小眉毛，避免眉形过硬。

眉头至眉尾的整个眉形要保持平衡感，并逐渐自然收细，眉尾部位不要过细，要使双眉保持一定的粗度。

1. 修剪前先用螺旋眉刷梳理一下，眉头处要将眉刷放于水平位置上向上拉伸梳理，而眉毛中间到眉尾的眉毛要顺着眉毛生长的纹理梳理。

2. 将螺旋眉刷对齐眉毛下缘，用眉剪沿着眉刷上侧仔细修剪，将过长的眉毛剪掉。

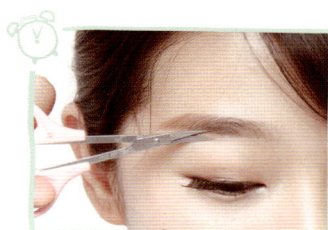

3. 将眉毛下方露出轮廓外过长的眉毛剪掉，眉剪要与眉毛轮廓线平行。

4. 用修眉夹将眉毛下方所残留的眉毛拔除，夹紧眉毛根部后，朝眉毛的生长方向拔，以减轻疼痛感。

5. 最后用修眉刀将眉毛上方与两眉间的杂毛轻轻修除，眉尾外侧的杂眉要从发际线处开始向下慢慢刮除。

POINTS 小提示

修眉前可以先用浅色眉笔在确定的眉头、眉峰、眉尾的关键部位描点标出来，关键部位之间也要标示，双眉要对称描点，然后顺着标示的记号点细细地勾勒轮廓，连接每个标记描边。

7分钟画完最美裸妆

眉妆的三个好帮手

打造完美眉妆需要从眉型和眉色两方面进行修饰，
专业适合的眉妆产品可以轻松塑造出理想的妆效。
合理运用这些产品，无论想要线条感还是柔和感都能得心应手。

眉笔

一般分为铅笔式与推管式，方便快捷，产品的另一端一般带有螺旋眉刷，便于涂抹后的修饰。眉笔可以选择笔芯的软硬与粗细，适合勾勒眉形与眉尾，也可以填补眉毛间的空隙，适合眉毛较为稀疏的人。

眉笔画出的线条会比较生硬　在温热潮湿的环境下，相对容易脱妆。

POINTS 小提示

当描画出的线条过于刻板时，可以用棉棒蘸取少许卸妆液擦掉较为夸张的线条。

眉粉

眉粉能够营造自然的眉妆效果，上色持久并且用途多样，既可以填补眉毛间明显的空隙与修饰眉形，又可以用在眉笔之后以固定眉妆。具有多种颜色的眉粉盒可以进行调色，增加整体的自然效果，对于初学者来说容易上手。

眉粉使用不得当的时候会使眉色过于浓重并且产生颜色不均匀的现象。

染眉膏

染眉膏多用于改变眉色，覆盖范围较大，适合眉毛较少与发色较浅的人，能够很好地遮盖眉毛原本的颜色，显色度极佳，赋予眉毛光泽度的同时进行定型。

染眉膏比较不容易控制，使用不当时会使眉妆看起来非常不自然，而且容易花妆。

7分钟画完最美裸妆

色彩的演绎——眼影

眼影不仅具有多样色彩，在质地上也有多种，
不同质地的眼影会呈现出不同的妆感效果，赋予眼部立体感，
根据自身肤质与所需的妆效选择合适的眼影，透过色彩使眼部更具张力。

粉状眼影

粉末状眼影是最为常见、使用最为广泛的眼影产品，优点在于色彩多样，容易上色，轻松地打造出渐变的感觉，具有良好的持久性。

粉状眼影分为亚光感与珠光感，亚光感眼影不含任何珠光色泽，可以单纯呈现柔和自然的色彩质感，而珠光感眼影添加了亮粉颗粒，增加了明亮度，并使色彩呈现出不同的光泽，如珍珠光泽、金属色泽等。

膏状眼影

膏状眼影的质地润泽，滋润度较高，能够呈现出透明油亮的自然妆感，但容易脱妆，适合干性或中性肌肤，比眼影粉有较强的贴合力，直接用手指涂抹就可以。眼影膏还可以用作眼妆的打底，从而提升眼影粉的持久度。

在使用膏状眼影时宜少量，过量的眼影膏容易堆积在双眼皮褶皱处。

液状眼影

液状眼影质地轻盈，滋润度高，能够打造出光泽通透的质感，但容易脱妆，不容易控制，液状眼影在瞬间变干，很难打造出晕染的感觉，不建议初学者使用。购买时要挑选油脂较少、易干、易上色的产品。

使用时先取少量液状眼影于手背，再以指腹蘸取使用。单独使用时，显色效果不如眼影粉突出，可以采用重复涂抹的方式以加强效果。

突显眼部精致轮廓——眼线

选择适合自己的眼线产品，才能画出完美的眼线，
不同的眼线产品具有不同的优缺点，要根据理想妆效的特点来选择，
首要原则是使用起来方便顺手，配合描画技巧，打造自然线条。

眼线笔

外形类似铅笔，可使专用的卷笔刀去除多余的木质部分，也可以调整笔头的粗细。可用于打造晕染的效果，也可用于描画下眼线。一般使用黑色或咖啡色眼线笔，适合日常妆。

易控制，易修改，更方便携带。眼线笔笔触轻柔细致，质地细腻，能够打造出自然的眼线效果，适合初学者使用。

眼线膏

搭配专业的眼线刷使用，质地适中，既没有铅笔式眼线笔的粗犷，也没有眼线液的难操控性。眼线膏的质感表现力强，能够表现出珠光、亚光、金属光泽等不同的质地效果，描画出的线条滋润细致，密实又流畅。配合眼线刷或棉棒，也可以轻松地做出晕染的效果。

不易脱妆，上妆效果服帖自然，使用眼线刷能够轻松地调整眼线的粗细。

眼线液

画出的线条浓郁流畅，尖尖的笔头适合勾勒纤细的眼线，利落明显的线条更适合强调眼线、时尚感强的妆容。

不易脱妆，持久性强，浓密紧实的线条可以使眼部轮廓更有神。

眼线液画上后不易修改，也不容易控制，适合有一定基础的人使用。

巧用睫毛夹

根据自身的眼部弧度与长度选择适合的睫毛夹，
按照根部→中部→梢部的顺序，小幅度移动睫毛夹来夹弯睫毛，
打造卷翘睫毛的关键在于掌握夹卷的部位与使用力度，呈现持久卷翘。

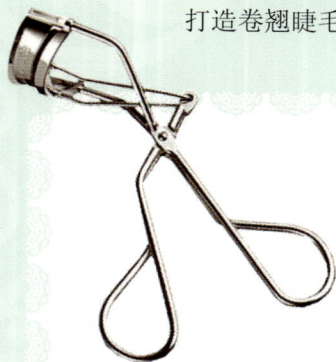

三段式夹法打造翘睫

　　将睫毛分为三段，按照根部→中部→梢部的顺序小幅度夹卷睫毛，呈现自然的睫毛弧度。

　　睫毛夹不可过于紧贴睫毛根部，力道要控制得当。

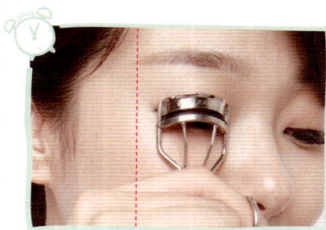

1. 将视线放低，把睫毛夹竖直地贴在脸上，紧贴睫毛根部，将所有的上睫毛放入后夹住 5～15 秒。

2. 轻抬手腕，使睫毛夹与脸部呈 45 度角，并将睫毛夹移至睫毛中央部分夹 4 次。夹的时间不要过长。

3. 使睫毛夹与眼皮垂直，把睫毛梢放入睫毛夹中夹 2～3 次，力度要小。

4. 用手指轻轻上抬睫毛，将睫毛的弧度调整均匀并左右轻揉，使睫毛调成漂亮扇形。

5. 用电热睫毛器以向上的弧度刷向睫毛梢部，固定睫毛的形状。

POINTS 小提示

眼角与眼尾的细小睫毛也不能忽视，将睫毛夹分别移到靠近眼角与眼尾的睫毛的位置轻轻夹起，力度要适中，避免两侧的睫毛卷翘度不一致。

刷出浓密扇形美睫

打造完美眉妆需要从眉形和眉色两方面进行修饰，
专业适合的眉妆产品可以轻松塑造出理想的妆效。
合理运用这些产品，无论想要线条感还是柔和感都能得心应手。

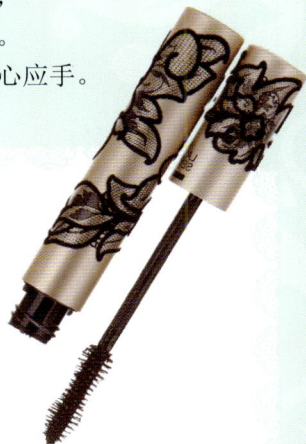

三段法打造扇形上睫毛

　　用左中右三段法使睫毛呈现放射状，用不同的手法刷涂根部与梢部。搭配睫毛底液增加睫毛的分量感，使睫毛更加纤长浓密，提升眼部的立体感。

1. 横握刷头，把睫毛底液从上睫毛根部向梢部轻轻涂抹，为打造浓密效果打好基础。

2. 将所有睫毛分成三等份，横向握住睫毛膏，从睫毛根部开始左右移动刷至中部。

3. 用刷头刷涂眼部中央睫毛的梢部，不要呈Z字形涂抹梢部，否则会破坏梢部的纤长效果，也不要涂抹得过厚，避免膏体结块。

4. 用刷头的后部向太阳穴方向刷涂眼尾睫毛，用刷头的前端向眉头的方向刷涂眼角的睫毛。

POINTS 小提示

横向使用睫毛膏向上带睫毛，纵向用刷头固定根部与拉长，随时改变刷头的使用方向，使效果更加完美。而不论要刷几层睫毛膏，都要等到上一层干了之后再刷涂下一层。

大眼神器——假睫毛

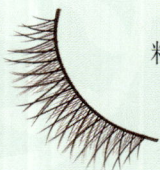

粘假睫毛和如何正确使用假睫毛将直接影响到化妆效果，
用适量的胶水与适合的手法，在适当的时机粘贴，
使真假睫毛融为一体，塑造出真实感睫毛。

粘贴前的准备工作

粘贴假睫毛前先将眼部妆容完成，自身睫毛也要打理。粘贴假睫毛的成功要素之一就是假睫毛胶水的用量，不要一次涂过多。

1. 假睫毛应该在所有眼妆完成后进行粘贴，先用眼线液将眼线勾勒出来。

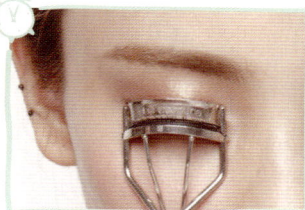

2. 夹睫毛时不要过于用力，夹出折角会使假睫毛的粘贴有难度，夹出与假睫毛相似的弧度就可以了。

3. 用睫毛膏轻轻刷涂睫毛，这样可以使后续的假睫毛看起来更加自然。

4. 一定要用小镊子将假睫毛从盒中取出来，直接用手摘很有可能导致假睫毛的损坏。

5. 旧的假睫毛梗部都会有一些白胶，用手指轻轻地将其摘除，并将已经使用过的假睫毛胶水清理掉，避免粘在眼睑上使眼线看起来过粗。

6. 在梗部先薄薄地点涂一层假睫毛胶水，等胶水干了30% 左右时再点涂第二层，过多会导致不自然的妆感，过少又会使假睫毛很快掉下来。

POINTS 小提示

点涂胶水后，不要马上贴，应将假睫毛上的胶水轻轻吹至半干的状态，使假睫毛更易快速贴合，不易错位。

假睫毛的佩戴方法

按照中间→眼角→眼尾的顺序粘贴假睫毛，尽可能地使假睫毛与自身睫毛贴合，真假睫毛的角度要调整得自然贴合，避免出现上下分层的状态。

1. 用小镊子夹好假睫毛，要夹在靠近梗部的位置，夹在梢部会不好控制。

2. 从距离眼角5毫米左右的位置开始粘贴会看起来更自然，掌握好距离后，将假睫毛轻轻地放在自身睫毛的根部。

3. 把握好位置后，立刻粘贴假睫毛的尾部，不要使假睫毛与自身睫毛之间产生空隙，粘贴后保持20秒左右。

4. 将假睫毛的中部与尾部牢牢地粘好之后开始粘贴眼角部分，顺着眼形，贴着自身睫毛的根部进行粘贴，粘好后再保持10秒左右。

5. 确定将假睫毛牢固地粘好后，用小镊子夹住假睫毛和自身睫毛利用手腕的力量轻轻向下拉，使假睫毛更加贴近自己的睫毛。

6. 用睫毛夹夹住假睫毛与自身睫毛的中间部分，一边用镜子检查弧度，一边反复轻轻地夹起，直到满意为止。

7. 用指腹轻轻调整睫毛的角度，并轻轻捏住，利用手指增加睫毛的贴合度，使真、假睫毛融为一体。

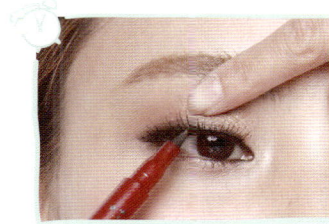

8. 即使假睫毛胶水完全干透了还是会看得出来，用手指轻轻提起上眼睑，用黑色眼线液将睫毛之间的空隙填满。

9. 用黑色眼线液沿着睫毛的根部，从眼角开始勾勒出细细的眼线，填补睫毛间隙，自然遮盖住贴合处。

增添好气色——腮红

自然的腮红粉，色彩感强的腮红膏，滋润的胭脂水，根据自身的肤质特点与缺陷，选择适合的腮红产品，再搭配恰当的涂抹手法，打造精致的小脸红润妆容。

粉状腮红

　　粉状腮红质地轻薄，有较好的持久性，颜色上也多种多样，能够带来细腻的肤质与健康自然的美感，是市面上最为常见的腮红种类，基本分为亚光感与珠光感两种，非常适合初学者使用。

　　用腮红刷蘸取后，先在手背或纸巾上去除浮在表面的粉末，然后一点点阶段性地涂抹，呈现出自然的妆感。

　　适合油性肌肤或混合型肌肤，能够抑制一部分油光，干性肤质要慎用，容易使粉末浮在脸上。

膏状腮红

　　含有较高的油脂含量，可以将色彩轻松地涂在脸颊上，呈现出滋润服帖美感，具有较高的显色度与较好的持久性，相对色彩会浓重一些。

　　用海绵块蘸取适量膏体并点涂在合适的位置，然后用手指向外晕开。

　　腮红中的油脂可以满足干渴肌肤的需求，适合干性或混合性肌肤。

液体腮红

　　也叫作胭脂水，由水与颜料组成，可以使肌肤从内到外自然地透出红润感，具有良好的持久性，但对于颜色有限制性。

　　少量多次使用，要快速推匀，以免干后变成不均匀的色块。

　　适合所有类型肤质，尤其是干性肌肤，可以打造出贴合度高的自然腮红，液体腮红还可以涂在唇部。

修容基础——高光与阴影

对于五官较为平淡的亚洲人来说，修容是妆容中必不可少的，
利用光影作用不留痕迹地修饰出脸部的立体感，
通过细节上的修容，在维持整体妆容平衡感的同时营造凹凸有致的效果。

用自然光泽加强轮廓感

通过在视觉的中心区域轻薄地加入高光，利用粉末的光反射原理，增加局部立体感，提升肤质透明度，凸显富有光泽的立体妆容。

刷高光粉时要在肌肤上轻拂，使高光粉附着得更轻薄，光感才能更加自然。

1. 从额头中央部位开始，按照"川"字形向下轻柔描绘，轻刷至眉毛上方。

2. 从眉心开始，将高光粉向鼻尖部分轻刷，要一笔刷过，避开鼻尖的部分。

3. 从眼角开始向颧骨方向，呈放射状刷上高光粉，提亮眼下三角区，消除眼周黯沉。

4. 将刷头上的余粉轻柔地在下巴中央部位小面积画圈晕染，自然提亮下巴区域，使脸部的轮廓线更加明显。

5. 用高光刷在眉峰下方，沿着眉毛的生长方向重复涂抹高光粉。

6. 用修容刷沿着眼尾下方的C形区域轻轻地涂抹高光粉，可以使眼部轮廓更加清晰，眼眸更加有神。

POINTS 小提示

高光粉的颜色不要过于发白，否则会使妆容看上去很不自然。可以选择含有细微珠光，与肌肤贴合度较好的高光粉，带给妆容细腻而柔和的光泽。

深邃紧致的视觉效果

阴影可以带来凹陷、深邃和收敛的视觉效果，沿着骨骼结构以轻轻滑过的方式在阴影区域轻薄地添加阴影粉，使脸部结构更加立体。

要控制好阴影粉的用量和刷涂范围，小面积地轻薄涂抹，避免妆面显脏。

1. 轻咬牙，将示指沿着脸颊凹陷处放置，指尖触及的耳部前侧就是加入阴影的起点。

2. 用修容刷蘸取阴影粉，在面巾纸上轻扫去余粉，从起点向侧面小幅度地呈放射线状轻扫上阴影粉。

3. 用粉刷从起点开始，沿着脸部轮廓刷至下巴。耳朵下方至下巴的轮廓线处也要轻刷阴影，使脸部与颈部颜色自然过渡。

4. 从眉峰处开始，沿着发际线小幅度移动刷头扫至起点位置，修饰出紧致的轮廓。

5. 在额头上方（横向不超过眉峰）与下巴尖轻刷阴影，可以从视觉上缩短长度，脸部轮廓看上去更小巧。

6. 刷侧面轮廓的阴影之后，再沿轮廓线向内侧刷一次，使腮部轮廓更加柔和。

自然修容的注意事项

选择比自身皮肤颜色深一号的修容产品，用修容刷蘸取后，先在手背上擦一下，调整粉末用量。

要从脸部外侧开始向内侧涂抹阴影粉，这样才能打造出自然妆效。

不要一次性就将阴影涂完，一点点地加入阴影，要将阴影的轮廓线晕染自然，避免出现明显的修容痕迹。

完成后进行整体检查，如果有颜色过深的地方可用粉刷或海绵延展开。

色彩的魅惑——唇妆产品

对于唇妆来说，除了颜色之外，质感上也要考虑到位，无论是光泽感、珠光感还是亚光感双唇，都可以通过不同产品展现。了解各种产品的质地与特点，打造出适合自身唇形与整体妆容的双唇。

唇膏

唇膏是最为常见的唇妆产品，一般为固体，质地要比唇彩与唇蜜干、硬，色彩饱和度高，颜色遮盖力强，可以用来修饰唇色与唇形。

搭配唇刷使用可以提升色彩的饱满度与唇膏的持久性。市面上唇膏种类多分为金属感、亚光感、油亮感、水润感等。

唇彩

多为黏稠液体或薄体膏状。晶亮剔透，可以使双唇更加滋润，上色后可以增加唇部立体感。具有较好的油亮透明度与滋润保湿性，但较为容易脱妆。

可以单独使用，也可以涂在唇膏之上，更可以用作眼影使用。市面上唇彩种类多分为淡彩型、亮彩型、珠光型、液体型等。

唇蜜

唇蜜质地较为黏稠，呈啫喱状，与唇彩相似，但产品多为棒状，液体直接从管中挤出，晶莹剔透，有足够的滋润度，但是遮盖力较弱。

唇蜜的颜色都较淡，一般与唇膏搭配使用，适合淡妆或裸妆。

唇线笔

唇线笔一般用于勾勒修饰唇形，可以使唇形更加完美、清晰，也可以防止唇膏向外化开，使唇膏更加持久。

一般使用的唇线笔颜色与自身唇色相近，或者与所表现的唇膏颜色一致。

第二章

❷分钟画完
底妆
美得很自然

◎底妆讲究「薄透」和「无瑕」，为减少粉底的用量，用饰底乳和遮瑕品提前均匀肤色和遮盖瑕疵。

◎巧妙运用「拍按」「晕开」的手法，使粉底与肌肤充分贴合，并配合散粉定妆，呈现均匀亮泽的肤质。

◎用柔和的光泽使脸部瑕疵隐形，从底妆产品的搭配与使用手法上入手，调节肌肤的透明度与立体感。

粉底与肌肤无法紧密融合，出现浮粉、妆后肤色黯沉怎么办？

简单按摩打造活力肌底

短短几分钟的简单按摩，促进肌肤血液循环。
消除水肿并恢复黯黄肤色，打造能充分吸收粉底的良好基底。

消除水肿并改善肤色

温柔地加适当力度进行按压式滚动。
在皮肤柔滑的状态下进行按摩，避免刺激皮肤。

1. 在化妆棉上倒上少量的化妆水，顺着肌肤纹路轻轻涂抹，然后涂抹乳液，减少肌肤受到的刺激。

2. 将乳液轻轻地涂抹在额头、脸颊、下巴与鼻部等部位表面，将拇指固定在太阳穴上，弯曲示指并放置在鼻翼两侧。

3. 拇指固定不动，用示指的第二个关节从颧骨下方向上提到太阳穴位置，按下时停顿一下，重复3次此动作可以消肿并放松僵硬的肌肉。

4. 用示指关节按住太阳穴，然后轻轻地从耳后滑下来。

5. 从耳朵后面用示指关节持续按压下滑到脖子的下方，在底部轻轻按压。

POINTS 小提示

将右手的示指与中指分别放在左侧的锁骨上、下方，夹住锁骨，然后将头慢慢倒向右侧，同时伸展脖子的侧面，将放在锁骨上的两根手指由外向内滑按3次，另一侧手法一致。

促进代谢恢复紧致

通过简单的按摩法提升紧致感。

利用按压、滑动等手法促进代谢，重复步骤 5～6 次。

USE

A. 美白保湿按摩霜
B. 香薰高保湿按摩膏

1. 用简单的按摩手法使面部线条更加清晰。按摩前先涂抹乳霜以提升手指的滑动感，用双手的拇指与示指轻轻捏住下巴。

2. 保持捏住的动作，慢慢地将手指向耳朵后方滑动，有效地提升脸部轮廓的紧致感。

3. 手指滑动到耳朵后方，经过脖子的侧面，再滑动到锁骨的凹陷处，慢慢按压与脉搏相连的地方，打通体内废物的流通通道。

4. 对两颊进行按摩，先将中指与无名指放在内眼角下方。

5. 将手指向着太阳穴方向滑动，再经过脖子向锁骨的凹陷处活动，这个部位被称为"淋巴的垃圾箱"。

6. 用手指从鼻梁上方开始向上按压，一直按摩到额头。

7. 手指按到额头之后再从中央分别向太阳穴方向滑动，最后同样经过脖子将手指滑动到锁骨凹陷处。

POINTS 小提示

将三根手指抠在锁骨的凹陷处，这个部位被称作"淋巴的垃圾箱"，用手指慢慢按压与脉搏的相连处几秒钟，反复做几次，通过这样的刺激动作可以打通体内废物的流通通道。

7分钟画完最美裸妆

黯沉、水肿的眼部肌肤使眼妆效果大打折扣怎么办？

通过按摩与使用眼部产品
改善眼部肌肤状况

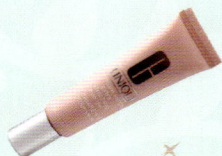

有质感的透明感眼妆的关键在于眼部肌肤的真实状况，通过正确的护理手法，快速隐藏松弛疲惫的眼部肌肤，塑造清爽立体双眸。

修饰过凹眼窝及下垂眼尾

通过刺激眼周穴位，提升肌肤饱满度。
通过按摩眼周肌肉，打造如上扬眼线般的眼尾。

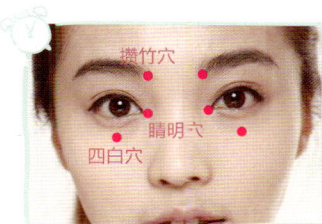

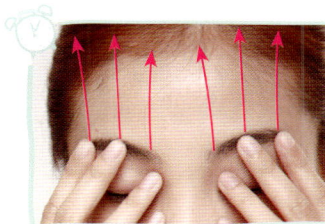

1. 双手握拳，用示指的第二关节与拇指的第二关节分别轻柔按压上眼眶及下眼眶，促进血液流通。

2. 用无名指轻柔地按摩攒竹穴、睛明穴及四白穴，各按摩3秒。

3. 将双手的示指、中指、无名指分别放在眉尾、眉中及眉头上进行按压，然后用力向上滑至头顶，重复3次，改善过度凹陷的上眼睑。

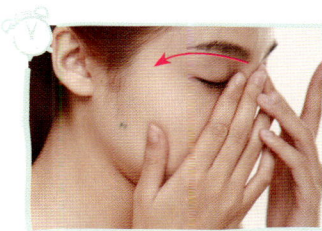

4. 将双手的示指指腹紧贴在鼻梁上，然后沿着下眼眶向太阳穴方向滑动按摩，重复3次。

5. 将双手中指重叠抵在右侧眉头下方，右手固定不动，左手中指从眼窝开始经过眼尾向太阳穴移动，另一侧做相同动作。

6. 闭眼后，用双手的中指提拉并轻轻按揉眼尾肌肤。

POINTS 小提示

想要使眼睛变得炯炯有神，就要从肌肤下手，利用按摩与眼霜缓解眼部肌肤瑕疵。眼睛周围的皮肤既脆弱又敏感，所以涂抹眼霜的时候不要造成过多的负担，从外眼角呈螺旋状轻轻地用指腹向内移动。

淡化青色黑眼圈

通过按摩静脉血管加速血液流通，消除眼下淤血带来的黯沉。一般针对长期处于寒冷的空调室、睡眠不足等人群。

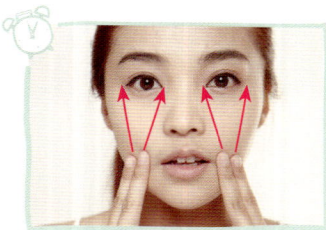

1. 用双手的示指与中指按压嘴角，慢慢分开中指与示指，分别向眼尾与眼角移动。

2. 中指与示指分别到达眼尾与眼角时，用指腹轻轻点按眼角与眼尾，然后再回到步骤1重复此动作3次。

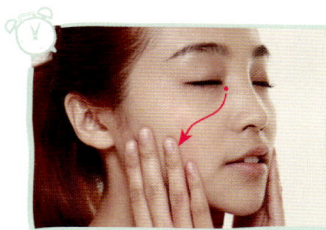

3. 将四指并拢，从内眼角开始沿着颧骨内侧，慢慢向外侧移动至颧骨下方，此动作重复5次。

改善茶色黑眼圈

轻柔的按摩手法搭配护理产品淡化茶色色素沉着。一般针对忽视眼部防晒、眼妆浓重等人群。

USE

A. 逆时空再生修复眼霜
B. 臻白舒缓眼部防晒霜

1. 在眼周的肌肤上点涂适量的眼霜，用不易用力的无名指指腹轻柔地将眼霜从眼角推到眼尾。

2. 将中指指腹放置于上眼睑，无名指指腹放置于下眼睑，从内向外用指腹轻轻推滑。

3. 将四指指腹覆盖在眼睛上，利用指腹上的温度使眼霜快速渗透于肌肤。

4. 用中指和无名指轻轻按压容易产生黯沉与色素沉淀的眼角、眼尾肌肤。

POINTS
小提示

由于睡眠不足导致眼部的血液循环不畅，出现黑眼圈，只靠基础护肤无法解决，用眼霜配合按摩可以有效缓解黯沉。在眼周涂抹眼霜，从眼尾向眼角沿下眼眶的凹陷部位按压，一直按至眼角处，眉头下方略用力按，再沿上眼眶按至眼尾，直至鬓角。

7分钟画完最美裸妆

由于肌肤容易干燥或出油，导致妆容很快就出现脱妆的现象怎么办？

妆前补水使肌肤更加润泽

在上粉底前，利用化妆水给予肌肤充足水分，去除多余皮脂，
通过喷雾、化妆棉、纸巾等工具以及手部按摩手法，有效提升妆容的持久度。

妆前补水使妆容更持久

先利用化妆水中的滋润成分给肌肤充分补水。
用纸巾将脸部多余的油分吸除，提升妆容持久度。

1. 在肌肤护理结束之后，化底妆之前用喷雾型化妆水在整个脸部进行喷洒，给肌肤充分补水。

2. 将手心轻轻地覆盖在脸部，利用手掌的温度使化妆水中的滋润成分充分地渗透到肌肤中。

3. 在脸上的化妆水变干燥之前，将纸巾放在T字区，可以去除脸部多余的油脂，避免多余的油脂影响到之后的化妆效果。

集中滋润抵干燥

选用清爽型的化妆水搭配化妆棉改善易干燥、油腻的部位。

1. 用被化妆水充分浸透的化妆棉，从眼角向眼尾沿弧线滑过。

2. 由内向外将化妆水涂抹全脸，并轻轻拍按肌肤。

3. 将化妆棉撕成单层，浸透化妆水后敷在易干燥的部分，直至棉片变干。

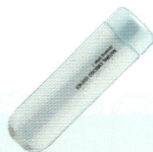

如何正确选择妆前底乳，从而打造出完美底妆？

根据自身肌肤状况与肤色选择合适产品

珠光底乳——呈现健康光泽

特点： 饰底乳中的珠光微粒具有折射效果，可以将毛孔与细纹隐藏起来。

功效： 增强底妆的亮泽度，使肌肤从底层透出微微光泽，使五官更显立体。

要点 由于珠光有视觉膨胀的作用，使用时要注意添加的部位。

蓝、紫色底乳——击退黯沉

特点： 适合亚洲人的肤色，可以使肌肤变得洁净透明。

功效： 可以矫正黯沉、泛黄的肤色，使肌肤显得白皙、清透。

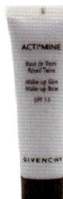

要点 用量不宜过多，可以用于修饰两边鼻翼外侧和唇角等局部黯沉。

肤色底乳——带出自然柔和

特点： 适合东方人的基础色，修饰黑眼圈及不均匀肤色。

功效： 可以中和肤色黯沉感，带出明亮度高、自然柔和的好气色。

要点 选择颜色与肤色色差较小的产品，才会使妆效更自然。

粉色底乳——增添红润气色

特点： 可以增加脸部红润度，适合惨白无气色的肌肤。

功效： 能够修饰斑点、黑眼圈等问题，打造红润的健康肤色。

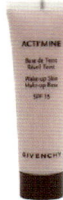

要点 不适合在全脸使用，以双颊为修饰重点，下巴也少量使用。

绿色底乳——中和不良泛红

特点： 用于局部修饰敏感的皮肤，使用时轻轻推抹即可。

功效： 可以局部修饰泛红的青春痘、微血管扩张造成的皮肤泛红及红血丝。

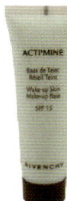

要点 使用时要控制用量，避免过量使用，使肤色变得泛青。

白色底乳——使轮廓更立体

特点： 用于修饰斑点、黯沉肤色，打造立体的小脸妆容。

功效： 可以增加肤色的明亮度、白皙度与透明感，适合原本就白皙的肌肤。

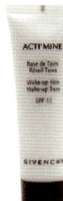

要点 肤色不够白皙的话，局部用于T字处、颧骨或下巴等处提亮。

妆前底乳打造无瑕肌底

将妆前底乳倒在手背上，还用指腹蘸取边涂抹。瑕疵较明显时，可以按4:1的比例调和遮瑕乳。

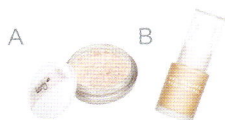

1. 用指腹蘸取适量的米黄色底乳，以脸颊1→额头2→眼周3→鼻部4→下巴5的顺序点涂在脸部。

2. 用中指及无名指指腹将刚刚点涂上的妆前底乳从脸部中心开始向外轻轻涂抹均匀，鼻部、额头、唇周等部位也要涂匀。

3. 由于鼻翼处容易出油，法令纹部位容易脱妆，所以用指腹蘸取一点点妆前底乳，点在鼻翼两侧与法令纹部位，使妆容更加持久。

4. 用指腹从脸部中心向脸部轮廓线的部位，将底乳晕染均匀，尤其在脸部与颈部的交界处要自然地进行过渡，避免肤色显得不一致。

5. 将底乳涂抹均匀之后，用双手轻轻拍打整个脸部，尤其是毛孔及肌肤纹理部位，使妆容看起来更加协调，不易脱妆。

6. 为了防止T区与眼影脱妆，用粉刷在T区及眼睛周围轻轻地扫上一层散粉，进行局部定妆。

POINTS 小提示

离霜基本呈无色的乳液状，以加强保湿效果、填平毛孔为主。饰底乳有多种颜色，以润色、提亮功能为主，适合矫正黯沉、泛黄或苍白的肤色。

妆前乳、BB霜等是具有修饰、润色、隔离多效合一的底妆产品，虽然有一定的护肤功效，但并不能代替护肤品。打底前，最好先用化妆水、精华液做保养，使肌肤在润泽状态下再使用此类产品。

市面上的粉底产品种类多种多样，应该选择什么样的粉底类型呢？

根据自身肤质与肌肤状况选择粉底
打造无瑕肌

不同的粉底类型具有不同的质地特点与突出功效，
了解各类粉底的特点与涂抹手法，根据自身肌肤情况选择适宜自己的粉底。

粉底霜塑造滋润光泽底妆

推抹与按压交替进行，提升妆容的清透感与遮瑕力。
先利用温度将粉底醒过来，再用手指大面积推抹。

1. 先将粉底霜涂抹在手背上，并用手指推开温热，醒过的粉底霜可以使妆效更加均匀透亮。

2. 用手指蘸取手背上的粉底霜，在脸部由内向外均匀地推抹开，使妆容透明自然。

3. 在推抹的同时要伴随按压的动作，这样可以提升底妆的遮瑕力，尤其是对于斑点等瑕疵部位，重复覆盖少量的粉底霜。

4. 将双手搓热后，用手掌贴压脸部，利用手掌的温度增加霜状粉底的服帖度。

5. 用化妆海绵细细调整容易卡粉的细节部位。

POINTS 小提示

想要使眼睛变得炯炯有神，就要从肌肤下手，利用按摩与眼霜缓解眼部肌肤瑕疵。眼睛周围的皮肤既脆弱又敏感，所以涂抹眼霜的时候不要造成过多的负担，从外眼角呈螺旋状轻轻地用指腹向内移动。

粉底膏打造持久细腻肌肤

搭配化妆海绵使用，避免膏体在脸部结块。少量多次地在脸部进行推抹并轻轻按压均匀。

1. 先将膏状粉底涂在手背上调和，用手的温热使粉底膏醒过来，或者直接大面积地涂在湿海绵上。

2. 从微笑时凸出的部位开始，以推抹并轻按的手法将粉底均匀地涂抹上，涂抹完一侧之后，补充点粉底继续涂抹另一侧。

3. 脸颊的粉底要呈放射状涂抹开，可以用示指和中指一并夹住化妆海绵。避免从黑眼圈部位着手，否则会使眼周看起来过干。

4. 用化妆海绵将额头与下巴的粉底延展均匀，将化妆海绵对折，用折出的角细细调整细节部位，如鼻翼、嘴角、眼角等容易卡粉的部位。

5. 上完底妆之后，将保湿化妆水在距离脸部一定的位置上喷向脸部，然后用双手掌心按压脸部，利用手掌的温度提升膏状粉底的服帖度。

A   B

USE

A. 棒状粉底膏
B. 三角形磨边海绵粉扑

POINTS
小提示

膏状粉底的膏体油性成分较高，附着性、保水性好，持久性较好，但延展性较差，妆感较为厚重。

质地比粉底液和粉底霜和粉饼厚重，持妆效果最好，但是比较不透气，不适合油性或是年轻肌肤。

用化妆海绵先蘸上保湿乳液后再蘸取手背上的膏状粉底，并在脸部均匀推开，可使干燥的粉质更容易延展开。

粉底液兼顾光泽与透明感

控制粉底液的用量，由内而外、由上到下涂抹。鼻子、额头、下巴逐步反复叠加粉底，不易花妆。

1. 取珍珠大小的粉底液放在手背上，用指腹蘸取适量的粉底，分别点涂在两颊、额头、鼻头与下巴。

2. 从脸颊中部开始向外侧呈放射状将粉底液涂抹均匀，伴随按压动作将指腹向下移至整个脸颊。

3. 用指腹从鼻侧移至中央，将粉底薄薄地覆盖在鼻部。由于鼻部很容易出油并导致脱妆，所以要反复涂抹薄薄的粉底。

4. 将在额头部位点涂的粉底少量地涂抹在鼻梁处，用手指将粉底上、下推抹开。

5. 用中指与无名指将额头上余下的粉底涂抹均匀。从眉间开始呈放射状涂抹，在发际线处将粉底晕染均匀，避免明显的分界线。

6. 用手指将唇部周围与下巴部位的粉底细细地涂抹均匀，要注意嘴角处是容易卡粉的部位。

POINTS 小提示

液状粉底含水量高，延展性较好，可以使底妆达到自然的薄透效果，粉底液的触感接近于乳液，效果较自然，适合打造日常妆容，使用率高，初学者使用起来更顺手。

粉底液更加适用于中性、偏干性肤质，能够很好地保留住肌肤的润泽质感。

涂抹粉底时，经常显得妆感过于厚重，就像戴了面具一样怎么办？

粉刷涂抹粉底
打造清透又具光泽的无瑕肌肤

直接用手指涂抹加上不正确的手法会导致粉底涂抹得过厚、不均匀，
利用粉刷涂抹可以打造出轻薄的妆容，展现出肌肤的光泽，使肌肤无瑕透亮。

用粉刷营造细腻清透感

用粉刷涂粉底霜，展现细腻的同时呈现轻薄的底妆。
直线状涂抹后呈反射状涂开，一气呵成。

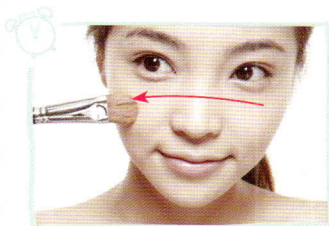

1. 用粉底刷蘸取粉底霜，从眼部下方的脸颊宽阔处开始横向涂抹，两侧不要超过眉峰。

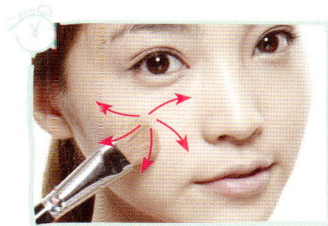

2. 转动刷头，用没有蘸到粉底霜的一面将脸部的粉底呈放射状涂抹开。脸部侧面要涂抹得薄一些，否则会显得妆感太重。

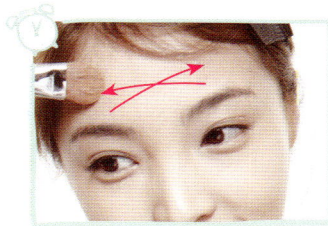

3. 额头与眉部上方的粉底用粉底刷呈交叉状涂抹，转动刷头，使粉底均匀地涂抹开，靠近发际线的地方要仔细调整，避免出现过于明显的分界线。

4. 眼睛下方与鼻翼等纤小部位用刷子的前端细细调整。

5. 用温热的双手贴合整个面部，提升粉底的贴合度，自然呈现均匀妆效。

POINTS 小提示

先在额头、脸颊及下巴拉出三条线，线状涂抹法可营造出清透的底妆效果。

用粉底刷涂抹可以营造轻薄效果，但是如果沿着脸部轮廓涂抹就会显得厚重，应该由内向外呈放射状涂抹。

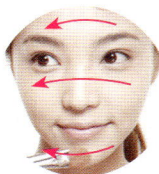

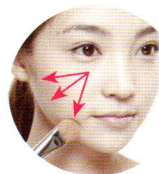

涂完粉底之后总感觉粉末浮在脸上，而且很快就脱妆盖不住瑕疵了怎么办？

粉底与肌肤融合
底妆遮盖力更持久

质地细腻的化妆海绵可以均匀一致地涂抹上妆，使粉体与肌肤贴合，以滑动按压的方式薄薄涂开，打造细腻无瑕肌肤的同时使底妆长久保持清爽感。

用化妆海绵提升贴合度

用示指抵住海绵形成 U 形，便于涂抹细节部位。
用化妆海绵轻拍肌肤，提升贴合感并吸除多余油脂。

1. 蘸取粉底，从脸部中央向外侧推抹按压，保持微笑，用化妆海绵顺脸颊滑动，并向下延展开。

2. 从两眉之间开始，用化妆海绵从下至上，从中央向边缘涂抹粉底，到发际线处自然淡开。

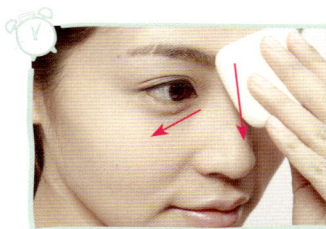

3. 眼周、T区容易脱妆，用化妆海绵上的余粉轻压，毛孔明显的地方用海绵由上向下涂抹，避免堆粉。

4. 鼻翼与鼻子下方等细节部位也要仔细涂抹，用海绵的尖端轻按调整，使底妆充分晕开，使粉底与肌肤更贴合。

5. 下颌与唇部周围的粉底要涂抹得薄一些，用海绵上的余粉轻按，容易堆粉的嘴角用海绵尖角细细调整。

6. 脸部轮廓的发鬓边缘用化妆海绵将粉底均匀地晕开，淡化边界线。

POINTS 小提示

用化妆海绵涂抹完粉底后，用蜜粉刷轻扫几下全脸，消除多余的粉屑，可以避免粉质粉底涂抹后妆感厚重，使底妆看起来更加匀透。

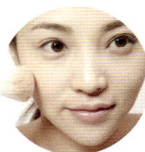

如何利用遮瑕品解决脸部上的肌肤问题?

根据肌肤状况选择适合的遮瑕产品

遮瑕产品用于遮盖面部的黯沉部位或瑕疵,
而根据肤质的情况来选择不同质地的遮瑕品,可以使效果事半功倍。

遮瑕棒 ——用于痘痘、色斑、黑眼圈、毛孔

遮盖力 ★★★★★　**延展性 ★★☆☆☆**

特点: 质地浓稠,与其他遮瑕品相比,含水量较低,延展性较差。

用法: 用指腹或海绵以轻拍的方式涂抹,1～2分钟后再上粉底,
用于蜜粉或粉底液之前。

要点 靠体温软化后,膏体的延展力增强,更易推开。

遮瑕液 ——用于黑头、色斑、细纹、眼周黯沉

遮盖力 ★★★☆☆　**延展性 ★★★★☆**

特点: 延展性好,润泽度高,脆弱的敏感肌也能使用,矫正、
提亮肤色,常见的有蘸取型和笔型两种。

用法: 涂抹后等待1～2分钟,稍待水分挥发后用指腹晕开,
防止堆积。

要点 液体遮瑕品具有高光效果,在T区涂抹可以使妆容更加立体。

遮瑕膏 ——用于色斑、色素沉淀、黑眼圈、红血丝、黑头

遮盖力 ★★★★☆　**延展性 ★★★☆☆**

特点: 快速矫正黯沉的肤色,柔和的质感和较高的亲肤性使膏
状遮瑕品既能局部遮瑕,也能用于全脸遮瑕。

用法: 使用时与少量粉底液调和,避免膏体较干和延展性较差
的情况。

要点 调色遮瑕盘的颜色深浅搭配,更加便于调出适合肤色
的色调。

修饰局部色斑与粉刺

修饰色斑和粉刺等呈圆点状的瑕疵时，用固体遮瑕产品的遮瑕效果好。

1. 直接用棒状或膏状的固体遮瑕品，在比色斑区域略大一圈的范围内，呈点状涂抹遮瑕膏。

2. 用干净的遮瑕刷将点涂在斑点或粉刺周围的膏体刷匀，不要使用指腹晕开，用遮瑕刷加固持久。

3. 用化妆海绵蘸取粉饼，轻轻按压涂抹遮瑕膏的部位，使矫正后的局部妆色与周边肤色自然过渡，并有效防止脱妆。

淡化大范围的斑痕

色斑容易在颧骨附近大范围出现，用质感柔软的遮瑕液与高光粉完美淡化色斑的同时保持肌肤轻薄透亮。

1. 用富有光泽的遮瑕液，在斑痕区域斜斜地画上几笔进行遮盖。

2. 用指腹轻按并仔细推开画出的遮瑕液线条，推抹均匀至薄薄的一层，遮瑕的范围要比斑痕的范围大一些，与周边肌肤融合。

3. 用粉扑蘸取适量的蜜粉轻轻涂抹薄薄的一层定妆，使遮瑕效果更加持久。

4. 用粉刷蘸取少量的高光粉，在色斑的区域打上高光粉，通过光线自然提亮。

A　　　B

USE

A. 嫩白无瑕遮瑕棒
B. 水润光彩笔状遮瑕液

POINTS
小提示

遮瑕时最好用有端角的工具，如扁头刷、尖头棉棒、三角形海绵块，以避免大面积推抹遮瑕膏使粉底变为糊状，还能顾及细小及边缘部位。遮瑕后用棉棒轻轻晕开，避免涂抹遮瑕膏的部位与周围形成明显的界线。

快速解决脸部干燥与黯沉

综合搭配具有滋润效果的底妆产品，利用光的重叠效果赶走肌肤干燥及黯沉。

1. 用粉色系光感的润泽饰底乳重复涂抹在脸部黯沉及干燥部位，提亮肤色，打造红润的健康气色。

2. 在容易干燥的眼部周围涂抹具有护肤效果的眼部打底产品，用中指轻柔地推开，提亮眼部肌肤。

3. 在底妆还保有水分的时候，用粉饼仔细涂开，然后在全脸拍按具有保湿效果的光亮型粉底，提升底妆的遮瑕效果。

4. 最后用粉扑蘸取粉色系的光亮型蜜粉，重复涂抹在黯沉的部位，使肤色更明亮，并起到定妆的作用。

POINTS 小提示

先在额头、脸颊及下巴拉出三条线，线状涂抹营造出清透的底妆效果。

用粉底刷涂抹可以营造轻薄效果，但是如果沿着脸部轮廓涂抹就会显得厚重，应该由内向外呈放射状涂抹。

隐藏眼周的细小干纹

用质地滋润、带有珠光效果的眼部遮瑕膏与遮瑕粉遮盖眼周细小的表情纹与干纹，使眼周色泽更自然通透。

1. 用遮瑕刷蘸取肤色遮瑕膏，在手背上调整用量后，沿眼周细纹的纹理呈线条状描画。

2. 用指腹轻按遮瑕部位，将膏体向眼周慢慢晕开均匀，眼角与眼尾的细节部位用指尖调整，避免卡粉。

3. 将遮瑕粉从内向外在遮瑕处轻薄扫一层以加固底妆。

消除法令纹，焕发年轻光彩

通过淡化脸颊处的阴影消除法令纹，用质地柔软的遮瑕液薄薄地涂抹。

1. 法令纹与肤色黯沉的鼻翼都需要修饰。用遮瑕液从鼻翼开始描涂，将线条连向法令纹的位置。

2. 从鼻翼开始到法令纹，用指腹轻拍推抹遮瑕液与皮肤的衔接处，不要全部晕开，否则会减弱遮瑕力。

3. 用化妆海绵蘸取少量的粉底液，在手背上调整之后轻轻按压遮瑕部分，使遮瑕液融合帖服肌肤。

4. 用粉扑蘸取少量蜜粉，轻轻扑在遮瑕部位，使底妆与肌肤进一步贴合，并吸除多余的油脂，使妆容更加持久清爽。

POINTS 小提示

偏干燥的肌肤容易敏感，特别是敏感脆弱的眼周肌肤，适合选择质地更轻薄的液体遮瑕品，对皮肤的负担也相对小一些。使用粉体偏干的固体遮瑕品时，可以混合少量的乳液，这样遮盖后比较滋润，不容易花妆。

画线法修饰循环型黑眼圈

避免在整个下眼睑都涂上遮瑕膏，用画线遮盖法适当遮瑕，使黯沉肤色和脸颊自然过渡。

1. 用遮瑕刷从眼角向靠近眼尾处，沿下眼睑的凹陷部位，呈线条状涂抹遮瑕膏。

2. 用指腹按压线条，使遮瑕膏轻薄贴合，不要向脸颊大面积晕开，局部压匀即可。

3. 将散粉轻轻按压在涂抹遮瑕膏的下眼睑处定妆，吸除多余油脂的同时防止脱妆。

循环不畅导致眼周大面积的黯沉问题，用暖色遮瑕膏中和眼周的偏深肤色，再用肤色遮瑕膏二次矫正。

1. 第一层用橘色遮瑕膏点涂在黑眼圈部位并均匀涂开，范围不要过大，第二层再涂抹肤色遮瑕膏。

2. 用粉底刷蘸取粉状粉底，从眼角开始在遮瑕部位轻轻拍打并顺向轻刷，避免被遮盖掉的黑眼圈显得突兀。

3. 用粉刷蘸取蜜粉在眼睛下方大面积刷过，提亮眼底的黯沉，并进行定妆，使遮瑕更加持久。

遮盖眼袋型黑眼圈

眼袋型黑眼圈集中在眼袋下缘，若直接在眼袋上遮瑕，会显得更加明显，将遮瑕范围控制在眼袋下方。

1. 用液状遮瑕笔在眼袋下方画一条线，并用指腹均匀晕开，提亮眼下，注意避免涂抹到眼袋上。

2. 用指腹蘸取适量的遮瑕膏，轻轻拍在眼袋下方。先往下按压拍打，再轻轻往上按压拍打。

3. 用粉底刷蘸取少量粉饼，在眼袋下方轻轻刷过。

4. 最后用粉扑蘸取珠光或打亮专用的蜜粉，轻扑在遮瑕部位，提升眼袋下方的明亮度，使眼袋看起来不明显。

USE
A. 专业自然遮瑕组
B. 粉色提亮蜜粉

A B

POINTS 小提示

对于眼周色素沉着，上下眼睑都要适当提亮，遮瑕时要避开睫毛根部，从黑眼圈下缘开始涂抹，否则会导致卡粉。

第一层遮瑕范围不要过大，以遮盖住黑眼圈为准，第二层可以比第一层大一些，与周围的肤色自然过渡。

消除恼人的红潮肌肤

绿色饰底乳能够减轻肌肤的泛红现象，用适合亚洲人肤色的黄色调粉底完美遮盖红晕。

1. 用化妆海绵将绿色饰底乳轻轻拍按在整个脸部，然后在红晕集中的脸颊上重复涂抹饰底乳。

2. 用粉底刷蘸取适量的黄色调粉底液，按照两颊→额头→鼻子→下颌的顺序轻轻涂抹均匀。

3. 用粉刷蘸取散粉，从脸部的内侧向外侧轻扫，重点涂抹脸颊上的红晕部分，使整体妆容更加清爽。

4. 如果脸部的红晕还是很严重，用指腹蘸取少量的白色眼影，在脸颊上大面积地轻轻涂抹，再扫上腮红，提升妆容自然感。

POINTS 小提示

一般在涂抹粉底液前使用遮瑕产品，点涂并晕开后待两分钟再上粉底是要点。如果这时发现遮瑕膏出现脱落状况，上粉底时就要一点点仔细进行或涂一层粉底再重复涂一层遮瑕产品，之后用海绵轻按服帖。

矫正唇周嘴角的色素沉淀

唇周遮瑕有利于突显更清晰的唇部轮廓，用画线法沿着嘴角轮廓描画遮盖，还原均匀肤色。

1. 用遮瑕刷蘸取遮瑕霜在唇部下方黯沉部位涂几个点，然后用指腹向两侧均匀推抹开。

2. 用三角形海绵沿唇周点涂遮瑕部位，向两侧延展开，边轻按边快速均匀晕开。

3. 用遮瑕刷沿嘴角唇廓外缘勾勒线条，然后用海绵尖端轻压唇周的遮瑕部位。

遮盖红肿发炎的痘痘

先用具有遮瑕力的绿色饰底乳调整泛红痘肌。
将蜜粉轻轻拍在脸上定妆，提升遮瑕膏的持久度。

1. 轻抹绿色饰底乳调整痘痘部位的泛红肤色，然后将黄色遮瑕膏点涂在痘痘的中央部位。

2. 用遮瑕刷或棉棒将遮瑕膏向痘痘的周围延展均匀，使遮瑕处的颜色与肤色自然过渡。

3. 用化妆海绵蘸取粉饼或者蜜粉轻轻按压遮瑕部位定妆，持久遮瑕，并提升肌肤质感与底妆的贴合度。

遮盖不平整的痘痕

痘痕处肌肤易干燥、不平整，要先进行肤质的软化。
搭配使用液状与膏状遮瑕品，使痘痕彻底隐形。

USE

A. 黄色系双色遮瑕膏
B. 绿色饰底乳

1. 遮盖痘痕前用具有消炎、净化作用的化妆水湿敷几分钟软化肤质，使遮瑕膏更容易延展贴合。

2. 在痘痕处用棉棒轻轻点涂遮瑕液并向周围延展开，再用干净的棉棒将边缘晕染均匀。

3. 用遮瑕刷将固体遮瑕膏薄薄地轻压在痘痕处，重叠涂抹加强遮盖效果。

4. 用化妆海绵蘸取适量的蜜粉，轻扑在遮瑕处，帮助定妆的同时增加服帖度。

POINTS 小提示

遮瑕产品与化妆工具相互配合，可以呈现更完美的遮瑕效果。用化妆海绵轻轻拍按遮瑕部位，至遮瑕膏与肤色自然融合。针对某些瑕疵部位，不要直接使用遮瑕棒，用遮瑕刷蘸取膏体再涂抹。

隐藏脸部毛孔，营造自然效果

用含有二氧化硅成分的毛孔遮瑕霜与具有珠光效果的蜜粉填平毛孔。

1. 将润泽的妆前底乳涂在脸部，充分滋润肌肤，然后用手掌贴合全脸按压，使底霜更贴合肌肤。

2. 选择含有二氧化硅的底霜，用指腹蘸取并由内向外、由上向下以打小圈的方式顺毛孔方向涂抹开。

3. 为了防止脱妆，将面纸敷在脸上，轻轻按压，拭去多余的水分与油脂，提升整体妆容的持久度与清爽感。

4. 毛孔较为明显的地方，可以用遮瑕刷蘸取少量的遮瑕膏，将刷头竖起呈90度点涂在毛孔处，然后用海绵的边缘轻轻按压遮瑕部位，使遮瑕膏与周围自然过渡，更贴合肌肤。

5. 用粉扑蘸上蜜粉在容易出油造成毛孔粗大的鼻翼、额头、下巴等T区部位按压，吸收多余的油脂，防止出油造成T区毛孔粗大。

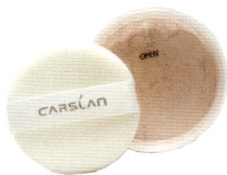

CARSLAN

USE

A. 毛孔隐形底霜
B. 珠光炫亮蜜粉

POINTS 小提示

用海绵蘸取粉底，从脸颊内侧向外侧推涂，再从外侧滑回脸颊内侧，反复推涂以抚平毛孔，然后用指尖蘸取粉底液按照脸颊→额头→鼻子→下巴的顺序点涂，用干净的海绵轻轻拍按，使粉底贴合毛孔。

修饰鼻部的毛孔粗糙

调和修饰毛孔的饰底乳与遮瑕霜，以轻轻按压的方式提升持久遮瑕力。

1. 将具有遮盖毛孔功效的妆前底乳与遮瑕霜按1:7的比例调和在一起，用指腹由下向上按压服帖。

2. 鼻头处用指腹轻轻拍按，将遮瑕霜晕染均匀，提升遮盖力，然后再向脸颊均匀地推开遮瑕霜。

3. 遮盖鼻部的毛孔时先用遮瑕刷蘸取适量的遮瑕膏，沿着鼻翼的瑕疵部位进行点涂。

4. 在毛孔凹凸周围着重用遮瑕霜进行遮盖，用三角形海绵的边缘，沿着鼻翼部位一边轻按一边将遮瑕霜均匀地晕开。

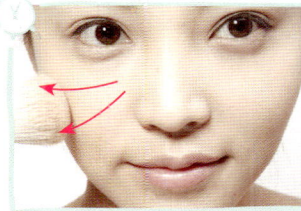

5. 用蜜粉刷蘸取适量含有珠光粒子的蜜粉，轻扫全脸，使底妆显得更加通透、平滑，并带给肌肤微微的光泽感。

6. 用温热的掌心轻轻按压全脸，并用指腹按压鼻部，利用温度使底妆更加融合。

POINTS 小提示

修饰鼻翼两侧的泛红的时候，可以用指腹在鼻翼附近的泛红部位用按压的方式涂抹粉底液，在涂抹粉饼时，要用化妆海绵的折角反复轻压，最后用散粉按玉修饰部位，防止脱妆。

7分钟画完最美裸妆

涂抹粉底之后皮肤显得更加干燥，怎样才能营造出具有水润感的底妆？

用高保湿粉底液与遮瑕液
呈现水润透白

利用光亮系饰底乳与高保湿粉底液，使肌肤从早到晚都保持滋润。
搭配蜜粉与质地滋润的遮瑕液，隐藏瑕疵，使妆容如同素颜般无瑕水润。

塑造水嫩清透的肌底

用海绵滑动按压粉底于脸部，使粉底更加贴合肌肤。
只将蜜粉扑在眼周与鼻部，使肌肤重现滋润光泽感。

1. 将少量的光亮系妆前底乳点涂在脸部后，用化妆海绵由内而外均匀地涂抹开，薄薄地覆盖肌肤。

2. 用化妆海绵蘸取适量的高保湿粉底液，按照脸颊→额头→下巴→鼻子的顺序点涂后打圈涂抹开。

3. 用拇指与中指夹住海绵，紧密贴合肌肤，将粉底液从脸部内侧开始向外侧延展开，使粉底与脸部肌肤更加融合，打造均匀清透的底妆。

4. 将海绵从脸颊外侧分别向下巴与鼻子滑动涂抹。

5. 蘸取适量蜜粉，轻拍在易脱妆的眼周与鼻部，以保护滋润的底妆。

POINTS 小提示

在涂抹粉底前，用喷雾为肌肤补充水分，在离脸部30厘米的地方喷两下，在水分完全蒸发前开始涂抹粉底液。

用海绵上的余粉沿着鼻梁从下往上，从额头开始由内向外薄薄地延展开。

局部遮盖使肌肤更透日

用质地滋润的粉底与遮瑕液盖住毛孔与黯沉。
如果不喜欢过于油光水润的感觉，可以轻扑散粉。

USE

A. 水润锁水保湿粉底液
B. 滋润白皙遮瑕液

1. 将鼻子推向一边，用化妆海绵的折角将粉底液从鼻翼向鼻头处推涂，然后用海绵轻轻按压固妆。

2. 想要遮盖脸部的毛孔，可以将肌肤稍稍绷紧，然后用化妆海绵将粉底液从下往上轻轻拍打，打造平滑肌肤。

3. 粉底轻薄的同时，脸上的黯沉瑕疵相应会很明显，将质地轻薄滋润的遮瑕液点涂在眼部下方，遮盖眼下的黑眼圈与斑点。

4. 用遮瑕刷蘸取适量的蜜粉，从下往上重复涂抹在毛孔明显的地方，利用光的原理隐藏显眼的毛孔。

5. 用指腹将点涂在下眼睑的遮瑕液均匀地推抹开，然后用指腹上残留的遮瑕液轻轻按压在上眼睑，提亮眼周的肤色。

6. 最后用粉刷蘸取少量的散粉轻轻扫在全脸，淡化脸部油光闪闪的感觉，并提升底妆的持久度。

POINTS
小提示

使用化妆棉上底妆的话，应在上粉底前先将化妆棉浸湿、拧干，为了防止化妆棉上的水分过多而造成花妆，用纸巾包住棉块轻压，吸去多余水分，再蘸取粉底涂末，底妆会更贴合肌肤，持久不易脱落。

如何利用粉底修饰过于平淡的五官,并收紧脸部的轮廓,呈现小脸妆容?

分区涂抹浅、深色粉底
搭配高光凸显紧致立体

脸部的中央区域用肤色粉底,轮廓用黯色粉底,中央T区高光提亮。
深、浅色的对比强调出了脸部的轮廓,再加上高光蜜粉,增强脸部的立体感。

用深浅变化突出立体感

将双色粉底按照比例分区涂抹,营造紧致感。
深、浅双色的对比与高光提亮打造立体脸部轮廓。

1. 蘸取与肤色接近的浅色粉底,从脸部中央的T区及眼部下方开始,由内向外涂抹面部。

2. 沿着脸部轮廓,由外向内涂抹比平时使用的粉底颜色较深一些的粉底,与浅色粉底交界处轻按均匀,使颜色自然过渡。

3. 用指腹蘸取遮瑕膏,涂抹在黑眼圈处、毛孔粉刺及鼻翼两侧进行遮盖,然后用化妆海绵轻轻拍按肌肤,使粉底与遮瑕膏更加贴合肌肤。

4. 用散粉定妆,加强遮瑕膏的附着力,避免脱妆。

5. 在脸部轮廓及颧骨下方由外向内轻扫深色粉底,收敛脸部轮廓。

POINTS 小提示

在T区、下巴和眼下的提亮区域轻扫高光粉,提升透明度,强调脸部凸出部位,增加立体感。

在双色粉底交界处与脸周轮廓处用指腹轻按均匀,使粉底颜色自然过渡。

7分钟画完最美裸妆

如何用粉底涂抹出具有透明感的无瑕亮泽底妆，
营造柔和的肌肤质感？

选择具有透明感的粉饼
妆容重点是要轻轻地涂抹

利用光的扩散效果，为肌肤带来柔和的透明感。用遮瑕膏遮盖瑕疵部位
打造出贴合度高的平滑亮泽底妆。

消除水肿并改善肤色

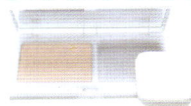

利用巧妙的手法，搭配粉饼轻柔的质地与透明的质感，演绎温暖的光泽肌肤。

1. 用手指将高保湿的底乳点涂在全脸后，如同涂抹乳液般用双手按压脸部并由内向外推按开。

2. 为了控制粉底的用量，用化妆海绵前半端蘸取适量的光泽感粉饼，然后由内向外将粉底均匀轻柔地涂抹开。

3. 将化妆海绵对折，补充少量的粉饼之后，如同敲击般稍有力度地拍打在脸上，尤其在毛孔较为明显的区域。

4. 在鼻部上、下以及下巴处以脸部的中心为基点，由外向内反复涂抹粉饼，增加光泽度。

5. 沿着鼻梁由下向上涂抹粉底，额头处呈放射状由内向外涂抹，注意涂抹力度要轻柔。

POINTS 小提示

使用干湿两用的粉饼时，湿海绵容易蘸上过多粉底，蘸粉时可以用拇指和中指捏弯海绵成弧形，边左右转动海绵边蘸粉，控制用量，使粉底能均匀地吸附在海绵上。

7分钟画完最美裸妆

如何在打造轻薄透明立体妆感的同时，
肌肤又可以呈现出完美的洁净透亮？

只用隔离霜、遮瑕蜜与蜜粉
打造无瑕透明感素颜底妆

用具有修饰肤色功效的隔离霜配合涂抹手法美化出平滑的肌肤。
搭配遮瑕蜜与蜜粉，即使不使用粉底产品也可以打造出完美无瑕的透明肌底。

隔离霜打造零毛孔美肌

使用可以提亮肤色，填补肌肤表面凹凸的隔离霜。
针对毛孔明显的部位，用画圈式的涂抹手法。

1. 用指腹蘸取适量的隔离霜，从脸颊中部开始向外侧均匀地涂抹，轮廓部位要轻薄，提升立体感。

2. 用指腹将隔离霜以画圈的方式涂抹在额头上，遮盖毛孔与肌肤纹路，打造出光滑肌肤。

3. 用手指蘸取少量的隔离乳，从眉心开始沿着鼻梁从上往下涂抹，然后将隔离乳延展至鼻翼两侧，以画圈按压的方式修饰鼻翼上的瑕疵。

4. 下巴部分也用指腹将隔离霜从上到下均匀地涂开。

5. 用指尖上剩会的隔离霜轻轻涂抹在易出现黯沉的眼睑上，提亮肤色。

POINTS 小提示

在没有使用粉底产品的前提下进行补妆时，只需要在出汗或出油后用纸巾轻轻按压面部就可以了，想要持续底妆的透明感可以用粉刷将少量的驼色系或透明色蜜粉在脸上轻扫一层即可。

修饰瑕疵，提升肌肤质感

用少量的遮瑕蜜仔细修饰细小部位的瑕疵，呈现出轻薄又无瑕的基肌底。

1. 在下眼睑黯沉的部位用遮瑕刷点涂少量遮瑕蜜，注意要避开眼袋的位置，否则会使眼袋更明显。

2. 用指腹将遮瑕蜜轻轻涂抹均匀并轻按，与周边肌肤融合，打造轻薄自然效果，轻点眼角进行提亮。

3. 用遮瑕刷上剩余的遮瑕蜜涂抹在鼻翼两侧，修饰泛红的鼻翼，然后用海绵轻轻按压鼻翼，提升遮瑕蜜的贴合度与持久度。

4. 同样将余下的遮瑕蜜薄薄地涂抹在嘴角，矫正唇周部位的黯沉，用指腹轻按嘴角，避免膏体的堆积。

POINTS 小提示

重点需要遮盖的部分可以使用少量粉底液。用指腹温热粉底液后，在脸颊与额头拍按涂抹，并用海绵调整轮廓处的过渡，脸颊处轻轻按压使粉底更贴合，鼻翼易脱妆，用海绵重叠涂抹少量粉底液。

塑造妆容清透感与立体感

将蜜粉轻扫在眼周部位与T区，起到提升底妆持久度的作用，并打造出立体透明的完美妆容。

1. 将珠光驼色系蜜粉薄薄地涂抹在眼周，涂蜜粉前先将隔离霜在上眼睑轻轻地涂抹均匀。

2. 用蜜粉刷蘸取蜜粉，从上往下刷涂在鼻梁两侧，凸显轮廓，提升立体感。

3. 用刷子上剩余的蜜粉轻扫两下下巴部位，提亮的同时防止脱妆。

7分钟画完最美裸妆

问与答 [Q&A]
画底妆会遇到……

Q1
想用深色粉底紧致轮廓，却使肤色显得黯淡怎么办？

A 在妆前底乳与粉底液之间加入深色粉底，并且均匀涂抹在脸周部位。将颜色较深的粉底液沿着脸部轮廓均匀地涂抹，涂完后要用肤色粉底提亮肤色，颜色交替的部分要自然。

1. 涂上粉底液后，用化妆海绵轻轻拍打脸部，吸除多余油脂，特别是脸周轮廓与颈部交接处要自然过渡。

2. 涂完妆前底乳后，将比肤色黯1～2号的粉底液沿脸部轮廓画线涂抹，再用肤色粉底液均匀地涂抹在整个脸部。

Q2
即使用粉质细腻的粉底还是容易涂抹得过厚怎么办？

A 将化妆棉捏成U形，一边转动一边蘸粉。用正确的手法蘸取粉底可以很好地控制粉底的用量，避免涂抹得过厚，细节部位用海绵的尖端涂抹。

1. 用示指抵住化妆棉的中部使海绵弯成U形。鼻翼部位用同样方法捏住化妆棉，用尖端涂匀。

2. 蘸粉时左右来回转动绵片，使粉末更均匀地附着在化妆棉上，可以避免着粉过多涂不均匀。

Q3
如何使具有亚光效果的底妆更显自然通透？

A 将化妆海绵浸湿后再蘸取粉饼进行涂抹。在打造亚光妆效的同时也要适当在局部提亮，使妆容更透明。涂抹粉底时先将化妆海绵用水打湿，蘸取粉饼后在需要提亮的脸颊、眼下三角区等部位轻抹一下，就能呈现出自然的光泽。

Q4

脸部瑕疵的遮瑕效果不够明显怎么办?

A 不要用单一遮瑕品修饰各类瑕疵,根据瑕疵类型调整遮盖方法。对于不同类型的瑕疵要使用不同的遮瑕产品与技法进行遮瑕。针对毛孔粗大的部位,用粉底刷以打圈方式刷涂粉底,并用含珠光微粒的遮瑕品遮盖;而调整眼下与鼻翼的不均匀颜色,适合使用黄色系遮瑕膏进行修饰,尤其是严重型的黑眼圈,先用黄色遮瑕笔中和黯沉肤色,然后再轻按薄薄的一层遮瑕膏;遮盖痘印应该在涂抹粉底后用遮瑕液修饰。

Q5

脸部肌肤出油出现了卡粉状况怎么办?

A 用乳液祛油保湿后涂抹粉底。在出油的地方涂抹蜜粉,往往只使这一部分显得妆容厚重,想更自然的话,就只在脱妆部位把妆卸掉,用美容液擦拭出油部位,同时完成保湿。

1. 将乳液涂抹在出油部位轻轻按压,使之充分与残留底妆融合,然后压纸巾擦除。

Q6

如何使具有亚光效果的底妆更显自然通透?

A 将化妆海绵浸湿后再蘸取粉饼进行涂抹。在打造亚光妆效的同时也要适当在局部提亮,使妆容更透明。涂抹粉底时先将化妆海绵用水打湿,蘸取粉饼后在需要提亮的脸颊、眼下三角区等部位轻抹一下,就能呈现出自然的光泽。

偏冷色

- 肤色略偏蓝,肤质薄
- 适合紫色等粉红色调
- 咖啡色、象牙色易显黯

偏暖色

- 肤色略偏红,色泽健康
- 适合象牙色等偏黄色调
- 灰色与粉红色易显脏

试用妆前底乳的时候,在脸颊两侧分别涂上暖色(如米黄色)和冷色(如粉紫色),与肤色相融合的一边为适宜的色调。粉底亮度也是影响自然与否的要素,在一侧脸颊上并列涂上黯色、中间色、亮色不同亮度的粉底,选择与肌肤相融合的。

2. 局部卸妆后,瑕疵会显现出来,在卸妆部位涂抹遮瑕品或粉底,薄薄地涂抹一层即可。

3. 用粉饼快速地轻压涂抹粉底的部位,并稍微向四周晕开,模糊补妆部位的界限。

第三章

眉妆

和毛毛虫说 bye—bye

① 分钟画完

◎根据骨骼结构、五官位置以及发色和瞳孔颜色等要素确定适合自己的眉形与眉色是关键。

◎利用合适的工具进行细致的修整和描绘，打造线条柔和、粗细适中、色调自然的双眉。

◎不同质地的眉妆产品可以塑造出不同感觉的眉妆，根据自己眉毛的缺陷与所需要的妆效，选择适合的产品。

7分钟画完最美裸妆

想要使眉妆更加精致，在化眉妆前应该做好怎样的准备？

根据脸型修整眉形
打造完美的眉妆

眉形的确定以及修整要以自身的脸型为基本依据，
符合自身气质的眉形，加上合适的产品，使眉妆更加精致立体。

确认眉头、眉峰与眉尾

眉形要基本符合脸部骨骼结构，根据眼角与嘴角的位置及骨骼凹凸状况来确定。

眉头：位于眼角与鼻梁内侧中间的垂直延长线上，描画时从眉毛生长的位置开始，向后约3毫米的部位开始描画，用眉梳打理顺畅即可。

眉峰：位于白眼球外侧与靠近眼梢之间的部位，最高点大致位于眼尾的垂直延长线上。眉峰部位是圆滑还是弯曲，决定了眉毛的形状，描画时眼梢上方要自然过渡，过于高挑会显得表情生硬。

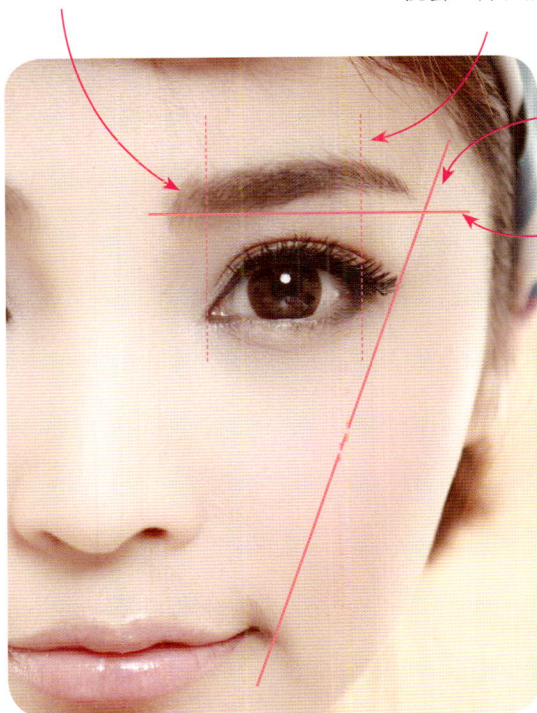

眉尾：位于嘴角与眼尾的延长线上，这是基本长度，长度超过延长线显得成熟，比延长线短显得可爱。

平衡线：眉头至眉尾的整个眉形要保持平衡感，并逐渐自然收细，眉尾部位不要过细，要使双眉保持一定的粗度。

POINTS 小提示

眉头位于眼角与鼻骨的延长线上；眉峰位于白眼球外缘延长线上。眉尾位于嘴角与眼尾连线的延长线上，用长眉笔可以简单测出。

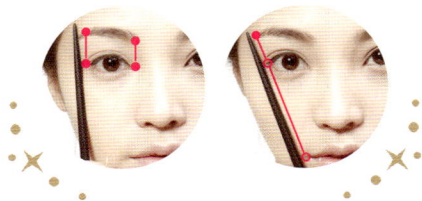

眉形与脸型的搭配

选择适合自身脸型的眉形，不仅可以修饰脸型上的缺陷，还可以将表情衬托得更加生动自然。

★ 圆形脸

适合眉形：眉峰弧度略向外移的拱形眉，可将上半边脸向外延伸，收敛下半边脸。按照一定的角度适度描画，表现力度和骨感，减弱平板感。

不适合眉形：避免平直短粗眉形与太高挑的细眉。

要点 圆形脸显得可爱，但上下侧的脸部轮廓线过圆，使人看起来显胖。通过眉峰外移的拱形眉可以收敛下半边脸，起到平衡效果。

★ 长形脸

适合眉形：柔和的眉形更能横向拉长脸型，从视觉上缩短脸部长度，适合平直略带弧度的眉形，也可画短粗一些。

不适合眉形：避免弧度弯曲、高挑、纤细的眉形。

要点 长形脸横向距离小，需要给轮廓增加一些宽向感，且面部缺少圆润感。弧度自然的柔和眉适当拉宽脸型，缩短脸部长度。

★ 方形脸

适合眉形：弧度自然的拱形眉可以弱化棱角感，使表情显得柔和。为了与方下颌呼应，眉峰应在眉毛的 3/4 处。

不适合眉形：避免平直而且细短的眉形。

要点 额头、下巴较宽的方形脸，适合眉峰外移的自然弯眉，要用弧度自然的弯眉平衡脸部明显的棱角，使表情显得柔和。

★ 菱形脸

适合眉形：上宽下窄时，眉峰的弧度略向内移，拉长眉尾，修饰颧骨的宽度，平直略长；上窄下宽时，眉峰的弧度略向外移，缩短眉尾。

不适合眉形：避免弧度较大的眉形。

要点 颧骨处较宽，额头与下巴过窄的脸型，给人有些刻板的印象，轮廓生硬的菱形脸适合圆润一些的眉形，柔和的眉形可增添亲和力。

★ 眉形种类

自然眉：适合任何脸型
保持眉毛本身的随意感，自然而清爽，给人稳重知性的感觉，是一种较为普遍的眉形。

拱形眉：适合方形脸型
给人比较温柔大方的感觉，因此可以平衡方形脸的阳刚之感，增添女人味。

上扬眉：适合方形脸型
眉形利落干练，眉色不适合过浅或过于明亮，给人精神、有朝气、个性鲜明的印象。

柳叶形眉：适合圆形脸型
具有古典韵味，突显女性特有的温柔和婉约气质，整体宽度显细窄，眉尾自然收细。

一字型眉：适合长形脸型
眉形利落且柔和，呈现出纯朴、自然的年轻印象，具有减龄效果。

画眉妆前的基础修眉

适当的眉形可以提升眉妆的整洁度，修饰脸型。
不要过度修剪，适当保留细小毛发，避免眉形过硬。

1. 用安全眉刀将眉眼之间大范围的杂毛剔除，力度与剃刀移动的幅度要小，避免破坏掉原有的眉形。

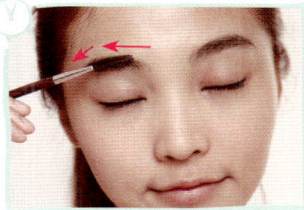

2. 用螺旋眉梳沿着眉毛走向从眉头到眉尾向上梳理，再从眉峰至眉尾向下梳理，整理眉毛的流向，便于修剪多余的杂毛。

3. 用螺旋眉梳对齐眉毛的边缘，像托起剪刀一般，用眉剪沿眉刷上侧仔细修剪，避免剪掉界限内侧的眉毛。

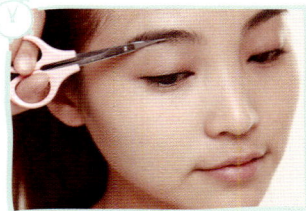

4. 修剪眉毛下方露出轮廓外过长的眉毛，将眉剪与眉毛的轮廓线保持平行，这样可以只剪去偏长的部分。

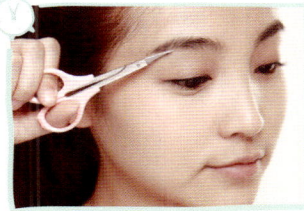

5. 将眉尾下方露出轮廓外的长眉毛修剪掉，同样使眉剪与轮廓线平行，沿着轮廓线一根根地仔细修剪。

6. 用眉镊将线条外多余的眉毛拔除干净，夹紧眉毛根部，朝着眉毛生长方向拔。

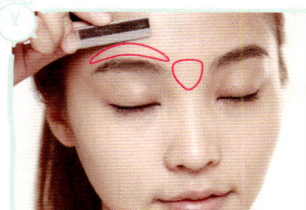

7. 用眉刀将眉毛上方约1厘米的杂眉修除，眉尾外侧的杂眉从发际线向下慢慢刮除，最后将两眉之间的杂眉也修干净。

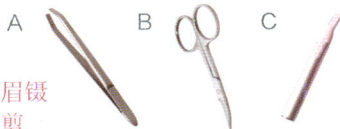

USE

A. 不锈钢眉镊
B. 弯形眉剪
C. 电动修眉刀

POINTS
小提示

修眉之前，可以先用浅色眉笔在确定的眉头、眉峰、眉尾的关键部位描点标示出来，关键部位之间也要标示，双眉要对称描点，然后顺着标示的记号点细细地勾勒轮廓，连接每个标记描边。

★ 眉笔——描画毛发般细线

特点： 易上手，好控制，一支眉笔可以使用很长时间，效果非常
自然。选择另一端附有特制刷头的眉笔，方便涂抹和修饰。

描画： 眉笔的颜色应比发色略浅一些，描画时顺着眉毛生长方向
小幅度稀碎地移动笔尖一根根描画细细的线条。

要点 眉笔画出的线条可能会有些刻板，可以用棉签蘸取卸妆液来擦掉那些夸张的线条。

★ 眉粉——营造自然的眉色

特点： 眉粉具有非常自然的效果，上色持久并且用途多样，可以在使用
眉笔后用来固定妆容，也能用在染眉膏之前。

描画： 涂抹时用眉刷直接蘸取来晕染眉色，利用深浅色调搭配营造出自
然立体双眉。

要点 眉粉使用不当有可能会使眉色过于浓重，刻意用超细致斜角眉
刷蘸取眉粉描画，或者在眉毛上用一些散粉遮盖。

★ 染眉膏——定型与提亮眉色

特点： 染眉膏覆盖范围较大，适合眉毛较少的人，可以很好地遮盖
眉毛原本的颜色，显色度极佳。

描画： 先用眉笔填补毛发稀疏的部位，然后用染眉膏逆眉毛生长方
向从根部刷充分，赋予眉毛光泽度的同时进行定型。

要点 染眉膏不是很好控制，如果使用不当，看起来会不太自然，
而且很容易花妆，可以用眉粉进行定妆。

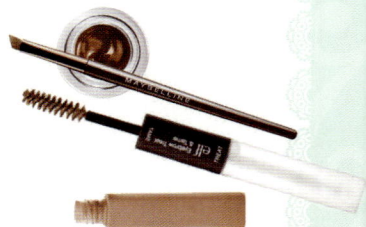

★ 眉镊、眉剪、眉刀——用于修剪眉形

特点： 眉剪配合齿梳使用，可以修剪长出眉部轮廓外的长毛；稍
翘的眉刀能安全、细致地剪去眉毛周围多余的杂毛；眉镊
用于拔除轮廓外的细小杂毛。

要点 要选择设计轻巧、易掌控的眉刀，便于刮除多余杂毛，使眉部轮廓更加清爽。

★ 眉刷——用于蘸取眉粉

特点： 蘸取眉粉后轻扫在眉部，可以轻松晕染出自然而精
致的眉部轮廓，另外，刷柄长一些的刷子，更容易
掌握平衡感，其中螺旋形眉刷可以刷掉多余的眉粉。

要点 不要用刷头太粗或面积过大的眉刷，应选择精巧的
斜形刷头设计，软硬适中的柔软刷毛。

当左右两边眉毛高度不一致的时候，如何进行调整？

用眉粉调整两侧眉毛的高度

高度一致的眉毛对于打造平衡协调的脸部妆容是极为重要的。
从中心轮廓线开始，利用眉笔与眉粉柔和地调整两侧眉毛的高度。

从中心轮廓线开始调整

用眉笔先将作为中心的轮廓线从眉中开始描画。
通过眉粉柔和地调整左右眉毛的高低。

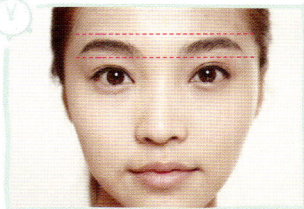

1. 平视前方，仔细观察镜子中钓眉毛，确认眉峰的高度和眉形的弯度。

2. 用眉笔从眉中到眉尾画一条中心轮廓线，从容易画的一条眉毛开始画，另一条眉毛若略高就向下调整，略低就向上调整。

3. 再次确认左右眉毛后，用眉笔画出上方的轮廓线，尽量保持两边的轮廓线协调一致，然后按照基础修眉的方法把超出轮廓线的眉毛修整齐。

4. 空出眉头，用眉粉刷向眉尾并填补略低的部分，保持眉毛粗细一致。

5. 最后确认眉毛后可以将眉形上方较粗的眉毛拔掉。

POINTS 小提示

用眉粉描补完眉形之后，用眉刷上剩余的眉粉轻轻刷过眉头，提升眉妆的自然感，再沿着眉头下方的弧度轻刷，可以使眉部呈现出立体感，但是要注意左右眉头的高度要一致。

高度一致的眉毛是眉妆中的基本要素，也是协调脸部妆容中的重要部分。

7分钟画完最美裸妆

呈直线的平直眉会给人过于生硬的印象，
如何自然地提升眉形的弧度？

调整眉峰弧度适度提升眉头的宽度

通过调整眉峰处的弧度与加粗的眉头，为平淡的眉毛添加曲线感。
弧度柔和的弯眉使脸型看起来更加立体，为整体妆容添加了一丝丝女性魅力。

柔和修饰出眉形的曲线感

用眉粉与染眉膏代替眉笔加粗眉形，避免显得
生硬，使双眉更加自然。

1. 用眉刷蘸取棕色眉粉在眉部轮廓内轻刷，将眉头至眉峰部分分成两段向上描画，眉尾部分向下描画。

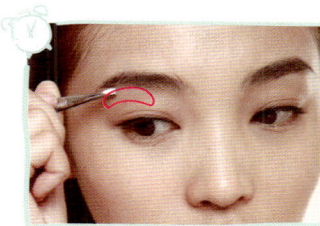

2. 用眉钳将上眼睑距离眉部下缘1毫米部分的多余毛发拔除，使眉妆更加整洁，提升眉部的立体感与清晰感。

3. 用眉刷从眉毛中间开始，向眉头晕染眉粉，眉头过细的部位，横向使用眉刷，沿着眉毛的下缘进行描画。

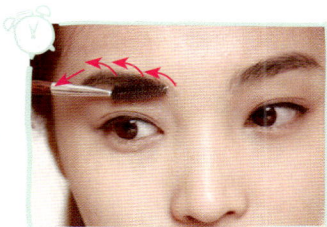

4. 用螺旋眉梳顺着眉毛走向轻刷，使眉色更加均匀。

5. 用亮色染眉膏先逆向刷涂眉头，再顺向向上刷涂眉头，然后按照眉形轻轻刷涂至眉尾，提升眉色的柔和效果。

POINTS 小提示

用眉刷蘸取眉粉后，不要直接晕染在眉毛上，要先在手背上轻抹，调试一下眉粉颜色的浓淡，去除刷头上多余的粉末，这样可以避免涂抹后眉毛颜色过重。

如何修饰由于频繁拔眉或脱色所造成的眉毛毛量的减少与变淡的眉色？

用眉笔矫正眉形提升眉毛饱满度

频繁地拔眉或脱色很容易造成毛量的减少、眉色变淡。
用眉笔与眉粉矫正眉形并修补眉色是描画的重点，提升眉部的存在感。

塑造出饱满的柔美自然眉

先用笔杆确认出眉峰至眉尾的适当位置。用眉粉填补眉色，强调自然饱满的轮廓。

1. 用眉笔的笔杆确认中部至眉尾的位置，眉尾的长度可以略长于基准线，提升成熟感。

2. 用褐色眉笔从眉头开始，沿着眉毛下方轮廓线描画一条直线至眉峰下方，强调出眉头至眉峰的轮廓。

3. 用眉刷先从眉峰开始，沿着眉毛轮廓内侧，向眉尾填补颜色，再从眉头向眉峰描画进行衔接。

4. 用眉笔填补毛发稀疏的部位，用笔尖小幅度地仔细勾勒线条，画出自然的毛发。

5. 用眉笔沿眉尾走向填补颜色，使末端略长于嘴角与眼角连线的延长线，提升成熟感。

POINTS 小提示

在选择眉粉的时候，使用颜色偏深一些的褐色或将深、浅色混合使用，可以使双眉看起来更加饱满，突出清晰的眉部轮廓与脸部印象。最后用眉笔补足线条，使印象更加柔和。

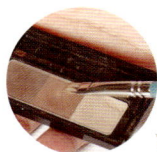

7分钟画完最美裸妆

如何在打造立体清晰眉妆的同时，呈现柔和自然的妆感？

搭配使用多种眉妆产品
按照顺序描画

巧妙地配合使用眉笔、眉粉与染眉膏，再搭配正确的手法，使眉妆更加饱满，修饰不完整的眉形，塑造出自然而又立体的双眉。

综合利用产品提升立体感

用眉笔强调轮廓，眉下与眉头用眉粉，打造柔和与力度并存的立体眉。

1. 用眉笔描出眉部的轮廓线，先从眉峰画到眉尾，眉头至眉峰描画出一条直线，不要有弧度，可以使用硬芯眉笔，使轮廓更清晰。

2. 从眉头至中部，用眉笔细细填补毛发间的空隙，以不明显露出眉部肌肤为准，眉头空出约2毫米。

3. 用眉刷将偏深的灰褐色眉粉从眉峰开始向眉头自然地将颜色晕开，强调出有一定粗度的眉头。

4. 用眉刷蘸取浅棕色眉粉，从眉头向眉尾整体晕开，与深色区域重叠融合，自然地强调出眉部的立体感。

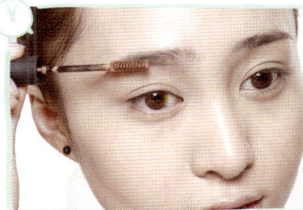

5. 用棕色系染眉膏轻轻晕开毛发表面，使眉毛的质地更加蓬松，提升双眉的柔和感，避免眉妆显得过于生硬。

6. 待染眉膏略干后，用螺旋眉刷轻刷眉毛，使颜色更加均匀。

POINTS 小提示

眉毛描画过粗或不小心描出轮廓的部位，可以用浅色遮瑕膏遮盖轮廓外，同时在眉峰下方局部涂抹浅色遮瑕膏，形成高光区，可以使眉部的轮廓更清晰立体。

塑造自然清晰的立体眉妆

用眉笔先从眉峰开始描画，最后描画眉头，打造柔和与立体并存的双眉。

1. 用接近眉毛本色的褐色眉笔，从眉峰开始沿眉峰的轮廓，顺畅地描画弧形曲线，角度要平缓。

2. 用眉笔顺着眉峰的曲线向下描画，沿眉毛走向一根根地勾画出毛束般的细线，眉尾部分不要勾勒得过尖。

3. 用眉笔描画出细细的线条，将眉毛之间的空隙自然填补，不要用眉笔涂满颜色，一根根画出毛束般的细线是要点。

4. 从眉毛中部向眉头部位，在轮廓内侧描画细线，填补眉毛间隙。描画时，以眉毛的下半部分为中心，可以避免颜色过重。

5. 在填色的部位，用手指轻轻抚过，沿眉头下方的凹陷处将颜色自然晕开，模糊着色不匀的部位，消除色块。

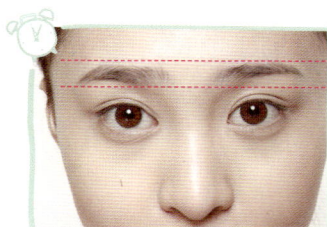

6. 左右眉毛都描画好后，正对镜子，确认眉峰、眉头与眉尾的位置是否协调，左、右两侧的高度、粗度、色调是否对称。

POINTS
小提示

初学者很容易将眉头描重，可以空出眉头2～3毫米不画，用眉粉在眉头与鼻侧的部位自然晕染，然后用眉刷从眉头向眉尾轻扫，自然地晕开描画的线条，并整理眉毛的走向，使眉毛看上去更柔和。

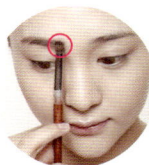

眉妆画得太过刻意，缺少自然感，给人过于锋利的印象怎么办？

利用柔软的眉粉或棉棒
晕染出自然的眉形与眉色

眉色过淡无法衬托出眼部轮廓，过重又显得呆板。
用眉粉自然地填补间隙，或用棉棒淡化过重的眉色，晕染出柔和色泽。

双色眉粉打造自然饱满眉形

眉毛的前半部分使用浅色眉粉，后半部分加入深色，使眉色更显自然。

1. 用眉粉调整眉色时，准备同色系的深、浅色调的眉粉，浅色可以使用在眉头前半部分，补足眉色，深色用于描画眉峰至眉尾。

2. 用眉刷蘸取眉粉后，先在手背上调试颜色的浓淡，去除刷头上的余粉，避免涂抹后颜色过重。

3. 从眉头直接画到眉尾容易涂不均匀，先从眉峰刷到眉尾，刷头与轮廓线平行，然后再从眉头刷到眉峰。

4. 眉峰与眉尾着色不足处，用与眉粉同色的眉笔，在轮廓内描细细的线条填补。

5. 最后用螺旋眉刷沿着眉毛走向轻刷眉毛，使眉色晕染得更加均匀的同时提升整洁度。

POINTS 小提示

用眉笔填补眉色时，以眉毛的下半部分为中心，可以避免颜色过重。描画时要保留适当粗度，但不要过度填满颜色，应用细线弥补空隙感，才能使眉色饱满但不浓重。

借助棉棒晕染自然柔和眉色

用棉棒将过重的眉色晕染淡化均匀，并将多余出来的染眉膏清除。

空出3毫米

1. 眉头空出约 3 毫米，用眉笔顺着眉毛走向一根根描画眉毛，将眉毛之间的空隙自然填补。

2. 用眉刷蘸取眉粉，从眉头开始一直刷涂到眉尾，从眉毛的根部刷涂，覆盖住本身肌肤的颜色。

3. 用棉棒从眉峰开始轻轻擦到眉尾，将眉色晕染均匀，增添自然感，使眉尾的轮廓更加清晰。

4. 从眉头开始，顺着眉毛的走向将染眉膏仔细地涂抹至眉尾，使眉毛整体都可以均匀地着色。

5. 用棉棒轻轻擦拭眉毛密集部分，拭去多余的膏体，调整粘连的眉毛，然后再轻轻擦拭眉周，去除刷到眉毛以外的多余膏体，使眉形更加整洁。

USE

A

B

A. 轻柔木杆棕色眉笔
B. 咖啡色系双色眉粉盘

POINTS
小提示

每周应该检查并修剪一次眉形，将眉毛梳理整齐后，勾勒出眉形线框，线框外多余的眉毛要拔除，线框内过长眉毛要修剪至适当长度，眉毛上方、接近上眼皮部位、太阳穴附近的零星眉毛应该剔除。

7分钟画完最美裸妆

染完浅发色后，浓黑的眉毛与明亮的发色形成对比，非常不协调怎么办？

用染眉膏固定眉形、提亮眉色
提升整体的协调感

染眉膏细腻的膏状质地可以很好地附着在每根眉毛上，
打造出明亮的眉色，提升与发色的协调感，并赋予眉毛柔软的质感。

双向分段调整眉毛色调

将眉毛分为眉峰→眉头，眉峰→眉尾进行刷涂。
逆向、顺向交替刷涂使颜色更加均匀、饱满。

1. 用浅色的眉笔将整体眉毛的轮廓线描画出来后，一根根地细细填补眉毛间的空隙。

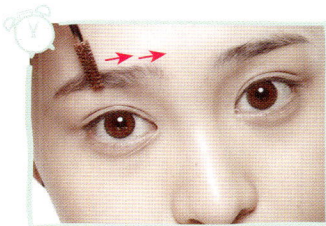

2. 先用纸巾轻拭染眉膏刷头上多余的膏体，然后逆向刷眉峰至眉头部分，小距离移动刷头，从眉毛根部均匀涂抹染眉膏。

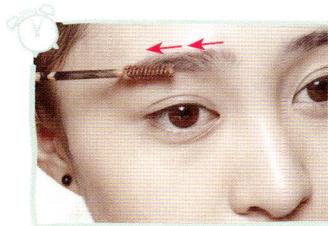

3. 用染眉膏刷头从眉头开始，顺着眉毛的走向仔细涂抹至眉峰，不要涂抹到眉毛根部，而是在表面上轻刷，使眉毛均匀着色。

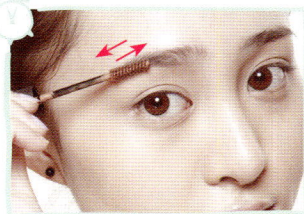

4. 用刷头前端涂眉峰至眉尾的眉毛，先逆向刷涂根部，再顺向刷涂表面。

5. 溢出眉周围多余的膏体用棉棒仔细轻拭干净。

POINTS
小提示

眉尾向下掉或眉形乱的人，可蘸取一点睫毛胶或双眼皮胶，涂在眉尾上，或用螺旋眉刷将眉毛向上顶住固定。眉毛浓的人可将中间的眉毛向上梳，使眉形更加清晰有弧度。

用珠光粉紫色眼影为
眼部增添一抹亮色，
细腻的珠光与柔和的
眉毛相得益彰。

用淡淡的樱花粉色唇膏添加
甜美感，透明唇彩使唇形更
加丰润，增添淡雅光泽。

7分钟画完最美裸妆

粗眉妆越来越受到喜爱，但是错误的手法会使眉妆过重，
如何打造适度的粗眉妆？

保留自然粗眉眉形的弧度不要过大

保留自然感的粗眉使人印象深刻，彰显随意感又不失个性。
加粗的眉部线条与柔禾的眉色填充提升眉部存在感，使整体妆容更具魅力。

保持粗度的随意感双眉

从眉头到眉峰要保持一定的粗度，基本接近直线。
眉尾不要过于尖细，要保留眉周的细小绒毛。

1. 用眉刷蘸取深棕色的眉粉，从眉头描画至眉峰，仔细将颜色晕开均匀，并要保持一定的粗度。

2. 毛发较为稀疏的部分用眉笔补足眉色，眉峰要用眉笔画得略粗一些，并保持平直曲线，弧度不要过大。

3. 用眉刷蘸取浅棕色眉粉，从眉头开始向眉尾描画整个眉毛，然后用螺旋眉刷轻刷眉毛的边缘，使眉色与周围肌肤融合。

4. 用亮色染眉膏沿着眉毛的毛发走向轻轻刷涂，调整出柔和的眉色。

5. 眉头处用棉棒轻揉，消除明显的色块，使效果柔和。

POINTS 小提示

描画眉毛前沿毛发走向整理眉形，拔除距眉峰1毫米的眉上多余杂毛，并拔除眉毛下侧靠近眼窝处的多余毛发，剪掉翘出轮廓外的长毛部分，眉周的小绒毛要保留。

用棕色眼线笔沿上睫
毛根部描画，柔和的
质地与自然线条与眉
部随意感相呼应。

重复涂抹粉色的膏状
腮红与粉状腮红，使
腮红看上去犹如自身
般红润。

7分钟画完最美裸妆

由于眉尾过于稀疏，导致前半段的眉毛看起来过于浓重怎么办？

调整眉色的浓淡 提升眉尾存在感

眉粉晕染与强调眉尾的巧妙结合使浓重眉自然地淡化，
从而使消失了的眉尾显现出来，同时提升了眉形与眉色的平衡感。

刚柔相济的平衡饱满双眉

用较浅色的眉粉重点淡化眉头至眉峰。
过于稀疏的眉尾可以用眉膏提升浓密感。

1. 用深色眉粉描画稀疏的眉尾部分，一根根地描画出如同自身般的毛发，眉尾要与发际线平行。

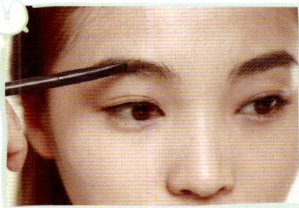

2. 用眉刷蘸取眉粉，从眉头开始向眉尾将露出肌肤的眉毛间隙进行填补，不要涂满整个眉毛。

3. 用眉镊将距离眉部轮廓1毫米部位的眉周杂毛拔除，特别浓密的眉毛部分可以适当地拔除2～3根。

4. 用眉刷蘸取浅咖啡色眉粉，从眉头向眉峰处晕染眉色，用浅色提亮并淡化过黑的眉毛。

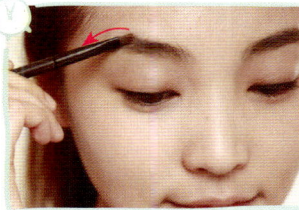

5. 眉峰至眉尾的眉毛用眉刷上的余粉一笔带过即可，不要涂抹得过于浓重，提升自然感。

POINTS 小提示

将眉毛拔短或拔掉轮廓内的眉毛来补救浓重眉是错误的，应该用棕色、褐色眉粉或眉膏晕染眉色，并描画出顺畅的眉尾，将眉粉与乳霜状眉膏搭配使用可以使着色效果更自然。

问与答 [Q&A]
画眉妆会遇到……

Q1

两边的眉毛长得很近，
该如何修形？

A 可以将眉间眉毛剃除，利用眉妆从视觉上加宽两眉间距。快要连到一起的眉毛被称为"向心眉"，会给人以局促和不大气的感觉。可以通过修剪与眉妆手法适当修整加宽两眉之间的距离。

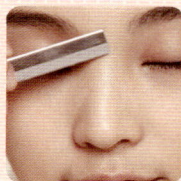

1. 可以用安全剃刀将两眉间鼻梁附近的眉毛去除，使眉头与内眼角对齐。

2. 在描画眉毛的时候，从眉峰处开始下笔，可以从视觉上拉宽双眉之间的距离。

Eye Brow Designer 7

Q2

眉形模糊时，
如何快速提升清晰度？

A 将高光粉涂抹在眉毛的上、下缘。利用高光强调出眉毛的轮廓线，使淡眉、乱眉、模糊眉更加清晰，打造立体眉妆。高光粉可以选择略带珠光感的白色、乳白色、亮茶色等颜色。

1. 用眼影棒蘸取高光粉后，从眉峰下方开始向眉尾方向描画眉缘。最开始着色的地方是着色最浓的地方，所以要从眉峰下方开始涂抹高光。

2. 海绵棒上剩余的高光粉，用眼影棒的宽面接触，从眉头下方开始向眉峰下方对眉缘进行着色，与上一步进行连接，完成下缘的线条描画。

3. 再蘸取适量的高光粉，用眼影棒从最希望提亮的眉头开始，经过眉峰向眉尾方向一气呵成地描画线条，如果颜色过浓，用手指轻抹进行调和。

Q3

一不小心眉色画得过深，如何快速进行补救？

A 用棉棒沿眉毛走向轻轻擦拭，减淡描画过深的眉色。

眉毛的颜色画得过深，不需要卸掉重新画，用棉棒以眉头为起点，按眉毛深浅变化的走向，轻拭调整就可以了。如果是眉毛边缘的线条生硬，也可以用尖头棉签擦拭。

Q4

如何让眉部轮廓更分明，凸显立体感？

A 先用眉笔强调眉下轮廓再填充颜色，使眉形更鲜明。描画颜色过于浅淡的眉毛时，通常为了强化眉色，会用眉笔过渡描绘出"同一浓度"的粗重眉，这样反而会显得双眉过于浓重，十分不自然。

正确的描画方法是，先用眉笔勾勒眉形下部边缘略外侧的线条，加强眉形下部轮廓的清晰度，再用眉粉填满颜色。

Q5

如何解决因为常常出油而眉部脱妆的问题？

A 在画眉妆前去除多余的油脂。油脂过多会造成眉笔颜色勾画不上或出现凝结颗粒等问题，妆前涂抹面霜过油或自身肌肤油脂分泌旺盛都会导致上色不佳。

1. 画眉妆前先将棉棒用水浸湿，然后轻轻地擦拭在眉毛部位，将眉毛上多余的油分去除。

2. 画完眉妆后，用粉扑蘸取少量的散粉，轻轻按压眉局部位，帮助抑制出油的状况。

3. 脱妆时先用吸油纸按压眉毛，将浮出的油分吸掉，然后用眉粉晕染眉部，补充眉色。

第四章

成为聚睛的焦点

眼妆

② 分钟画完

◎都说眼睛是心灵之窗，虽然只占据了脸部的一小部分，却是最先吸引眼球的地方。想要改变平时给人的感觉或印象，可以通过眼影、眼线与睫毛进行改变。

◎根据自身眼形的特点与缺陷找到适当的化妆手法，搭配合适的眼妆产品，打造出更具个人味道的妆容，无论在什么样的场合都会成为聚睛的焦点。

6 种眼形眼妆解析
/ 眼影与眼线的不同画法 /

每个人的脸型不同，眼形也不同，一样的化妆方法并不能满足所有眼形。
上眼皮较厚的人，眼睛容易显得水肿，而上眼皮较薄的人，容易看起来显老，
通过化妆手法有重点地进行调整，隐藏缺陷，使眼形更加完美。

丹凤眼——将重心向前移

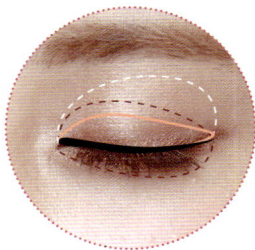

底色：肌底色要涂得宽一些，睁眼时看到 1 厘米左右即可，底色的主要作用是为后续眼影颜色增强色感，使眼睛看起来更加娇艳。

过渡色：想要调整上调的眼形，双眼皮褶皱部分要涂得深一些，越往上越浅，加重眼角部分，要涂得厚一些。

重点色：重点色同样要将重点放在眼角处，整体区域比过渡色窄一些。

眼线：眼角眼线画宽一点，越往眼尾越细，并将眼尾向下描画，下眼睑的黏膜部位只描画前半部分，可以缓和过于犀利的印象。

下垂眼——将重心向后移

底色：肌底色要涂得宽一些，睁眼时看到 1 厘米左右即可。

过渡色：将上眼睑分成三部分后，只强调眼尾部分。

重点色：只涂抹眼尾部分，向上涂抹，形成顶点指向眉尾的三角形。

眼线：眼角部分的眼线要尽可能地画细一些，越往眼尾越粗，在距离眼尾 5 毫米左右的地方开始向上提着描画，达到眼尾上扬的效果。

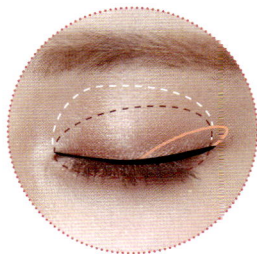

凹陷眼——凹陷的眼窝处加入高光

底色：用带有淡淡珠光感的产品涂抹在除了眉骨以外的部位。

过渡色：将过渡色涂抹在靠近凹陷部分眼骨的下面部分。

重点色：只在双眼皮褶皱部位轻轻涂抹，不要强调眼窝部位。

眼线：没有特别的限制，勾勒自己喜欢的类型就可以。

高光：在眼窝处涂抹几乎没有珠光感的亮色眼影，珠光感过强的话，有光线照射的时候，会显得不自然。

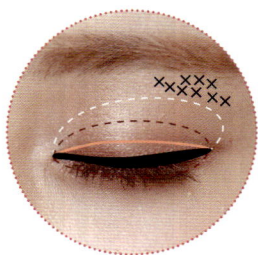

单眼皮——重点色薄而有层次

底色：肌底色不要涂得过宽，睁眼时看到 7 毫米左右即可。打底眼影大部分都带有珠光感，涂得太宽会使眼睛看起来更加水肿。

过渡色：涂得深一些，睁眼能看到 5 毫米左右即可，先睁开眼确定涂抹区域，然后再闭眼将空白部分涂满。

重点色：睁眼时能看到 2 毫米左右即可，先用颜色较浅的眼线笔或深色眼影画出 3 毫米左右宽的线条，然后用眼影棒晕染，不要超过指定区域。

眼线：眼线要画粗一点，越到眼尾越粗，眼尾处要稍稍拉长。

高光：在眉峰下方的眉骨部位加入高光可以收敛水肿感。

长形眼——用深色包围两侧

底色：中间部分涂到眉毛处，增加上下宽度。

过渡色：与底色一样，中间部分涂得宽一些，颜色不要太深。

重点色：将上眼睑纵向分成三部分，在两侧进行涂抹，增加阴影效果，使眼形看起来短一些。

高光：在上眼睑中间部分涂抹高光，可以使人看起来更加柔和。

眼线：眼角与眼尾的眼线画细，加粗中间部分的眼线，可以增加眼睛上下的宽度，眼尾处不要拉长，要结束得干净利落。

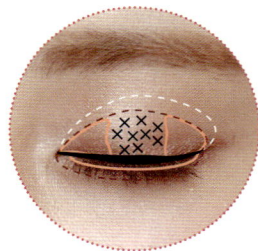

POINTS
小提示

底色 ▬ ▬ ▬ ▬	高光 ×××
过渡色 ▬ ▬ ▬	眼线 ━━
重点色 ━━━	

圆形眼——将重点色涂薄并拉长

底色：睁眼时看到 1 厘米左右即可，在左右方向上拉长。

过渡色：睁眼后看到 8 毫米左右，眼角处稍稍拉长，眼尾处拉长 1 厘米左右。

重点色：沿着双眼皮线薄薄地涂抹，眼尾处拉长，然后再在下眼睑黑眼球外侧到眼尾的区域薄薄地涂抹眼影。

眼线：眼尾处拉长 1 厘米左右，使眼尾处呈水平状，不要画得太重，下眼线要从中间开始画向眼尾，避开黏膜部位，并与加长的上眼线连起来。

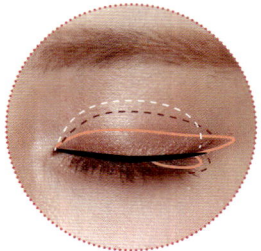

了解各类眼妆工具

¡精致眼妆完全征服/

一个丰富完美的眼妆少不了化妆工具的帮助，
但无论化妆工具如何出色，如果用不到正确的地方也是白费。
如何在种类繁多的化妆刷中挑选合适的产品，
要先了解化妆刷的种类和使用方法，才能打造出更加精致的妆容。

眼影工具

膏状眼影刷：适合大范围地涂抹膏状质地的眼影。刷头宽且扁平，顶端有弧度，弹性好，涂抹起来很顺滑，适合涂抹用作打底色的眼影。

粉状眼影刷：能够将眼影粉自然、有层次地涂抹在眼睑上，越靠近根部刷毛越厚，可以轻松地混合眼影粉。有各种大小的刷头，用不同大小的眼影刷涂抹不同区域的眼影。

眼影棒：橡胶质地的眼影棒对眼影的抓附力较强，能将色彩发挥到极致，适合表现珠光或色感强的眼影，但在突出层次感或混合色彩方面较弱。

晕染刷：适合在双眼皮褶皱处涂抹重点色眼影。刷头窄且圆，刷毛短，容易控制力度，也适合用于烟熏妆。

下眼睑刷：刷毛较窄、较短，刷毛短而结实，适合表现下眼影的珠光与色彩，也适用于展现眼影中的细节部位。

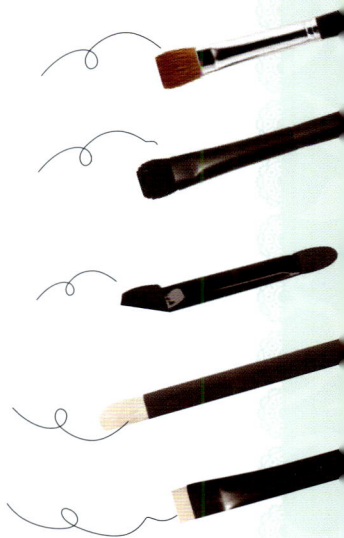

眼线工具

眼线刷：通常用于描画眼线。刷毛质地上主要分为貂毛、尼龙毛或马毛，在聚合性与弹性上产生区别，而刷头形状也有多种，扁平、细而尖以及斜角型的眼线刷，可以根据自己的喜好来选择。

睫毛工具

睫毛夹：用于将睫毛打理卷翘，要根据个人的眼窝弧度选择适宜弧度与幅宽的睫毛夹，深眼窝用弧度大的睫毛夹；平眼窝用弧度小的睫毛夹。局部睫毛夹专门针对眼角和眼尾的睫毛。

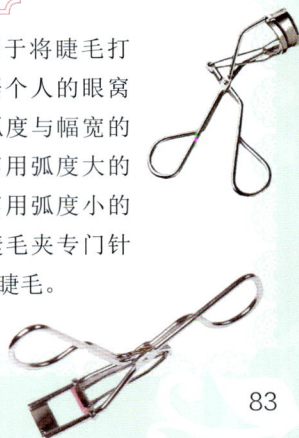

常见的眼影种类

/ 演绎不同质感与光泽 /

眼影不仅具有多样色彩，在质地上也有多种，不同质地的眼影会呈现出不同的妆感效果，
较为常见的眼影种类主要是粉状、膏状与液状，
根据自身肤质与所需的妆效选择合适的眼影，赋予眼部立体感，
透过色彩使眼部更具张力。

粉状眼影

显色度 ★★★★★　**贴合度 ★★★☆☆**

特点： 粉末状的眼影是最为常见，使用最为广泛的眼影产品，它的优点在于色彩多样，容易上色，可以轻松地打造出渐变的感觉，具有良好的持久性。粉状眼影中分为亚光感与珠光感两种类型，亚光感眼影不含任何珠光色泽，可以单纯呈现柔和自然的色彩质感，而珠光感眼影添加了亮粉颗粒，增加了明亮度，并使色彩呈现出不同的光泽，如珍珠光泽、金属色泽等。

要点 亚光感眼影较为适合眼睛水肿、偏爱自然妆感的人群，也可以运用在眼妆打底中，实用性和搭配度都很高，但难度较大，在使用上要格外谨慎。

膏状眼影

显色度 ★★★★☆　**贴合度 ★★★★☆**

特点： 膏状眼影的质地润泽，滋润度较高，能够呈现出透明油亮的自然妆感，但容易脱妆，适合干性或中性肌肤，比眼影粉有较强的贴合力，直接用手指涂抹就可以。眼影膏还可以用作眼妆的打底，从而提升眼影粉的持久度。

要点 在使用膏状眼影时要以少量为主，过量的眼影膏容易堆积在双眼皮褶皱处，而且会使眼周的纹路更加明显，所以要尽可能薄薄地涂开。

液状眼影

显色度 ★★★☆☆　**贴合度 ★★★★★**

特点： 液状眼影质地轻盈，滋润度高，能够打造出光泽通透的质感，但容易脱妆，不容易控制，液状眼影在瞬间变干，很难打造出晕染的感觉，不建议初学者使用。购买时要挑选油脂较少、易干、易上色的产品。

要点 使用时先取少量液状眼影于手背，再以指腹蘸取使用。单独使用时，显色效果不如眼影粉突出，可以采用重复涂抹的方式以加强效果。

上眼影前的打底

/ 使眼影色彩更加饱满 /

在涂抹眼影前要在眼睑处进行打底的工作，利用眼部粉底、膏状眼影、眼影粉等产品，
通过对眼睑的提亮及打底，增加眼影粉的附着力，
提升眼影的显色度，从而使眼妆饱满并持久。

1. 用指腹将白色饰底乳或眼部专用粉底大面积地涂抹在上眼睑，消除眼睑处的黯沉肤色，提升眼影的着色效果。

2. 用粉扑轻轻按压上眼睑部分，吸除眼睑上多余的油分，调整肌肤质感，提升眼影的涂抹效果。

3. 在涂抹眼影前，先在上眼睑部分涂抹眼蜜或眼影膏，增加眼影的附着力，提升眼妆的饱满度，眼蜜的质地越浓稠，显色的效果越好。

4. 将眼蜜或眼影膏涂在上眼睑后，趁产品还未干透的时候，快速涂抹眼影粉并用指腹轻轻按压，提高眼影粉的显色度。

打底产品

A

B

A. 浅色眼影粉：浅色眼影粉质地轻薄，效果自然，涂抹时简单方便，但是提高显色度的效果不太明显。

B. 遮瑕膏：用遮瑕膏进行打底可以大幅度地提高眼影的显色度，但质地较厚重，不适合肌肤干燥的人。

C. 亮采笔：亮采笔可以提亮眼周肌肤，增加眼妆的持久度，但是质地略微干燥。

C

85

同色调多色眼影的涂法

/打造清晰层次感眼妆/

棕色是较为常用的眼影色之一，作为基本款，
既能打造出清晰的立体感，又可以避免过于浓重的妆感，
但看似简单却在手法上较为讲究。用多种棕色系颜色在不同的区域进行晕染，
并用亮色眼影进行调和，强调出层次感。

1. 用眼影刷蘸取浅棕色眼影，轻轻地涂在眼窝部位，左右来回晕染，使着色更均匀，增加眼影贴合度。

2. 用眼影棒将浅棕色眼影涂抹在下眼睑距离眼尾2/3的位置，涂抹范围延伸至黑眼球内侧，强调出润泽的柔眸。

3. 用海绵棒蘸取深棕色眼影，沿着上睫毛边缘涂抹整个双眼皮部分，打造清晰立体的眼部轮廓。

4. 沿着下眼睑在距离眼尾1/3的位置，用细海绵棒小面积地晕染深棕色眼影，强调出深邃双眸。

5. 用眼影刷蘸取带有珠光感的米色眼影，呈圆形涂抹在黑眼球正上方的眼窝部分提亮，衬托出明亮眼妆。

6. 用细眼影棒将珠光感米色眼影小面积地涂抹在眼角处，使眼妆看起来更加水润。

POINTS 小提示

用眼影刷蘸取带有珠光粒子的白色眼影，淡淡地晕染在眉峰至眉尾下方，可以在提亮眼部的同时提升眼部的立体轮廓感。

7分钟画完最美裸妆

不同色调多色眼影的涂法
/ 塑造光影交错的立体感 /

使用单一的眼影固然简单，但是却缺少了丰富感与立体感。
用三种或四种颜色打造出渐变的效果，强调出眼部轮廓，提升层次感。
用浅色进行打底与提亮，深色提升深邃感，
中间色温和过渡完整眼妆。

1. 用指腹蘸取亮色系的珠光感米白色眼影，从眼窝开始，涂抹整个上眼睑，边缘处要自然淡开。

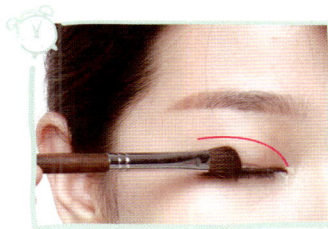

2. 平放刷头，用眼影刷将中间色调的珠光感浅金棕色眼影涂抹在眼窝部位，左右移动刷头进行涂抹。

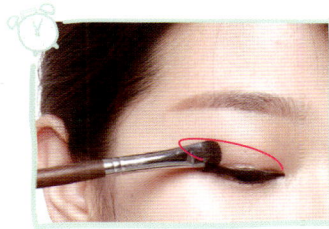

3. 用眼影刷蘸取深色调的棕色眼影，紧贴上眼睑的边缘进行涂抹，涂抹宽幅同双眼皮的宽度即可。

4. 将棕色眼影在下眼睑距离眼尾1/3处开始，沿着睫毛边缘向下眼尾窄幅地涂抹，并将眼尾外侧的三角区涂满。

5. 将浅色调的珠光感米粉色眼影点涂在眼角部分与眼窝的中央部分，可以突出眼部轮廓，强调立体的眼妆。

6. 在眉头下方与眉骨处添加珠光米粉色眼影，将光线集中，用柔和光泽提升眼部透明感，衬托出明亮双眸。

POINTS 小提示

大面积晕染浅色眼影时，要选用大号的刷毛松软的眼影刷；要刷涂深色眼影时，最好选用小号的较为紧密的眼影刷，扁形小号眼影刷会使颜色的层次感较为明显。

常用的眼线产品
/ 轻松勾勒出精致线条 /

选择适合自己的眼线产品，才能画出完美的眼线，
不同的眼线产品具有不同的优缺点，要根据理想妆效的特点来选择，
首要原则是使用起来方便顺手，配合描画技巧，打造自然线条。

眼线笔

难易度 ★☆☆☆☆　　**展开性** ★★★☆☆

特点：外形类似铅笔，可使专用的卷笔刀去除多余的木质部分，并调整笔头的粗细。可用于打造晕染的效果，也可用于描画下眼线。一般使用黑色或咖啡色眼线笔，适合日常妆。

优点：易控制，易修改，更方便携带。眼线笔笔触轻柔细致，质地细腻，能够打造出自然的眼线效果，适合初学者使用。

缺点：比起其他的眼线产品，持久力较弱，易脱妆，画出的线条不够清晰精致。

要点　选择产品时，笔芯要柔软，避免伤到眼皮肌肤，颜色也要饱和，不会结块。

眼线膏

难易度 ★★☆☆☆　　**展开性** ★★★★☆

特点：搭配专业的眼线刷使用，质地适中，既没有铅笔式眼线笔的粗犷，也没有眼线液的难操控性。眼线膏的质感表现力强，能够表现出珠光、亚光、金属光泽等不同的质地效果，描画出的线条滋润细致，密实又流畅。配合眼线刷或棉棒，也可以轻松地做出晕染的效果。

优点：眼线膏不易脱妆，上妆效果服帖自然，使用眼线刷能够轻松地调整眼线的粗细。

缺点：膏体干得快，不容易改妆，因为需要搭配眼线刷，需要常常清洗，也比较不方便补妆。

要点　眼线膏的质地在固态与液态之间，容易凝结变干，选择产品时最好选择质地较油、较稀释一点的。使用时要先将蘸取了眼线膏的刷头在手背上轻拭一下，调整膏体的用量。

眼线液笔

难易度 ★★★☆☆　　**展开性** ★★☆☆☆

特点：一般分为笔型与蘸取型两种，其液体质地画出的线条浓郁流畅，尖尖的笔头适合勾勒纤细的眼线，利落明显的线条感适合强调眼线、时尚感强的妆容。

优点：不易脱妆，持久性强，浓密紧实的线条可以使眼部轮廓更加清晰，使眼神更有神。

缺点：眼线液画上后不易修改，也不容易控制，适合有一定基础的人使用，也可能使眼妆缺少一定的自然感，在颜色上也有一定的限制性。

要点　因为眼线液不易控制，描画时分部位逐步勾画，尽量选择笔头质地细软的眼线液。

眼线的基础——内眼线
/ 画出不生硬的自然眼线 /

埋入式的内眼线带来自然感的同时突出眼部轮廓，
通过细碎地描画，搭配手部的提拉动作，自然地勾勒眼线，小幅度地描画是重点，
避免描画过粗的线条，破坏妆容的随意感。

1. 用手指在上眼睑靠近眉骨处轻轻提起眼皮，使眼线笔笔头能更精确地沿着上睫毛根部勾勒眼线。

2. 轻轻斜向上提拉眼尾处，使眼形的轮廓更加清晰，用眼线笔沿着舒展开的眼尾描画，线条更平滑、自然。

3. 用手指将眼角向外轻拉，使局部轮廓显得更清晰，便于笔头勾勒出细节部位的线条。

4. 轻拉下眼睑，用笔头沿着黏膜部位仔细勾勒，配合笔头的描画位置逐步移动，便于勾勒细节部位的眼线。

POINTS 小提示

描画眼线的时候，正确的姿势应该为视线向下呈45度角俯视镜子，然后用左手手指轻轻按压在眼睛的上方，提起上眼睑，以便描画眼线。初学者可以将右手手肘支在桌面上，以增强手部的稳定性。

散发妩媚气息——上扬眼线

/ 挑起的眼尾加重犀利感 /

上扬眼线比较适合丹凤眼和杏眼的眼形，眼尾上扬的角度是描画眼线的重点。
先将所要描画的角度做好记号，加粗的上扬眼尾打造充满魅力的双眸，
集魅惑与女性的优雅为一体。

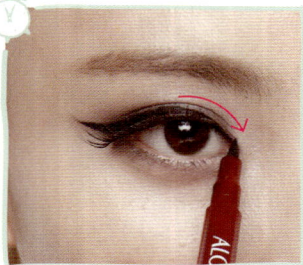

1. 用黑色眼线液先从眼部中间开始向眼角方向勾勒眼线，如果直接从眼角开始描画可能会使眼线变得过粗。

2. 然后从刚刚描画的部位开始向眼尾勾勒眼线，用黑色眼线液沿着睫毛根部描画眼线。

3. 用黑色眼线液从眼尾处开始将眼线拉长，将这部分眼线当作画下眼线的延长线描画。

4. 将眼线尾部到眼线中部间的眼线稍稍加粗，先将眼线尾部与眼线中间连接起来，然后将中间的空隙填满。

5. 最后用眼线液将上睫毛间隙的空白填满，因为眼线液中有一定的水分，所以黏膜部位用眼线笔填充。

POINTS 小提示

上扬位置不要离眼睛太远，平视前方，在眼尾呈45度角的位置做记号，弧度就是眼尾上扬位置。

营造柔和印象——下垂眼线
/ 打造温柔的无辜大眼妆 /

眼尾上扬的丹凤眼会给人一种冷酷、犀利的印象，下垂眼线是最好的解救方式，
自然的下垂感是描画眼线的重点，眼线笔是最佳的选择。
强调上眼线的前半部分与下眼线的后半部分，缓和过于犀利的印象。

1. 将黑色眼线笔紧贴于睫毛根部，从眼角开始描画至黑眼球的中部，可以描画得稍稍厚重些。

2. 用眼线笔入黑眼球中部开始，向眼尾继续描画眼线，描画时稍稍离开睫毛根部一些。

3. 描画眼尾时，沿眼睛线条顺势将眼线向下画，使尾部自然下垂。

4. 将下眼睑眼角的眼皮向下拉，用眼线笔从眼角开始勾勒黏膜部位至下眼睑中部。

5. 下眼睑后部的黏膜部位不要描画。接着刚画的内眼线沿着睫毛根部描画至眼尾。

6. 用棉棒将下眼线的尾部向眼角自然晕染开，将上、下眼尾的眼线自然地连上，并用眼线液将眼尾三角区全部填满，加深眼尾眼线的颜色，突出楚楚动人的清纯感。

91

修饰单眼皮——粗眼线
/重点加粗眼尾眼线/

单眼皮总是缺少了那么点神采，缺少了大眼睛那份灵动，
而且单眼皮眼形大部分看起来有些水肿，错误的化妆手法可能使眼睛看起来更肿，
适当加粗上、下眼线，再利用浅色眼影提升自然感，
使单眼皮眼睛更加有神。

1. 用眼线笔从黑眼球靠近眼角一侧开始画上眼线，沿睫毛根部描画至眼尾，眼尾处加粗。

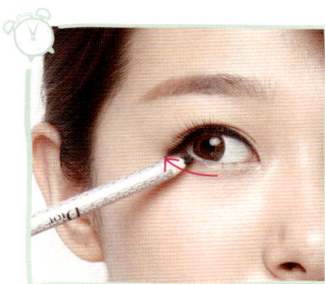

2. 从黑眼球中部下方开始向眼尾，沿着睫毛根部细碎描画，以描短线的方式画下眼线。

3. 用眼线笔沿着上眼睑睫毛的根部，小幅度地左右移动笔尖描画内眼线，仔细地填补睫毛间隙，眼尾处略微向上延长，提升眼部的柔和感。

4. 用眼影刷蘸取珠光感浅茶色眼影，沿上、下眼尾连接的地方呈"<"形包围涂抹，下侧延展至黑眼球的下方。

POINTS 小提示

在画完眼线后用棉棒稍加晕染，可使线条呈现出柔和的质感，并纵向扩大眼部轮廓。晕染时从眼角向眼尾方向，沿着眼线的上缘轻轻晕染，修饰掉线条上下不平的地方，使用尖头化妆棉棒可以更加精准地修饰。

修饰内双眼皮——纤细眼线

/ 塑造清晰眼部轮廓 /

内双眼皮的眼睛通常显得眼睛又水肿又小，
由于眼部的幅度较小，描画眼线的关键是不要涂至双眼皮部分，
否则会使本来可以看到的双眼皮被遮盖，
从而凸显不出放大的效果。

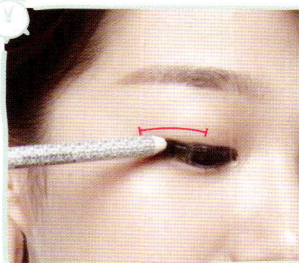

1. 上眼线只描画黑眼球中部至眼尾的一段。描画时沿睫毛根部小幅度地左右移动笔头，以埋入的方式仔细填补睫毛间隙。

2. 描画眼线之后，用棉棒轻抹眼线的上部，去除过重或描得过粗的眼线部分，使眼线显得更加精致。

3. 黑眼珠正下方是描画下眼线的位置，描画的范围应该比黑眼球的宽度略大一些。描画时细碎地移动笔尖填补睫毛间隙。

4. 用棉棒沿描画好的下眼线轻抹，这样可以使睫毛间隙的着色看上去更重一些，自然呈现出醒目效果。

POINTS 小提示

在下眼睑靠近眼尾 2/3 部分，用黑色眼线笔沿黏膜处填补睫毛间隙，下眼尾 1/3 部位略向睫毛外侧描粗一些。用闪亮眼线液沿睫毛根部添加闪亮效果，再用白色眼线笔沿黏膜描画，加宽眼形。

自然缩短眼距——内眼角眼妆

/ 还原有神的魅力眼眸 /

过宽的眼距会使人看起来很没精神，利用化妆技巧完全可以弥补这一点，
化妆的重点就在于要用眼线填补内眼角的空白，
眼线要画得细一些，要注意只在眼睛外侧使用较浓的眼影或眼线反而会使眼距变宽。

1. 用眼影刷蘸取珠光感米色眼影大面积地晕染在整个上眼睑，下眼睑也要较为宽幅地涂抹。

2. 用眼线刷蘸取黑色眼线膏，从眼角开始沿着睫毛根部一点点地勾勒出基础上眼线。

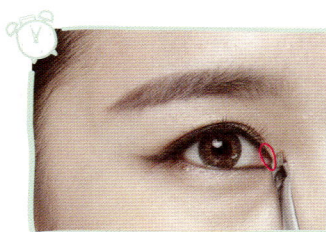

3. 用手指将内眼角处的上眼皮提拉起，用眼线刷将黑色眼线膏将内眼角部分填满。

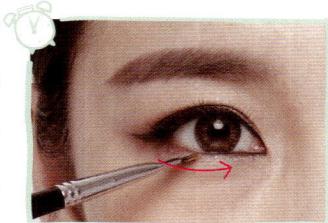

4. 用手指轻拉下眼睑，用眼线刷将黑色眼线膏从下眼尾开始向眼角方向勾勒内眼线，空出眼角部位。

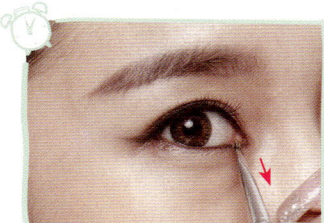

5. 然后再将内眼角下的眼皮轻轻拉下，用眼线刷将黑色眼线膏填补下眼角的空白部分。

6. 画完眼线后，用眼影刷将棕色眼影分别晕染在上、下眼线上，使眼线看起来更加自然，提升层次感。

POINTS 小提示

将提亮眼影点涂在内眼角处会产生眼距缩小的视觉效果，在卧蚕处也可以轻轻涂抹一层高光。

7分钟画完最美裸妆

丰富色彩与质感——双色眼线

/用两种颜色减少单调感/

在不同的妆容效果中合理地使用两种颜色的眼线，细心描绘线条的平滑度，
为双眼打造更具层次感的眼线，营造大眼妆效，
从单一颜色的眼线中脱颖而出，打造具有立体感的魅力双眼。

褐色眼线膏 + 白色眼线笔

1. 从眼角开始用褐色眼线膏描画出较粗的眼线。眼尾的眼线更粗一些，使眼睛看起来更有魅力。

2. 下眼尾到黑眼球之间的眼线用褐色眼线膏描画，眼线最好埋在睫毛的空隙处，然后在眼线上使用茶黄色眼影。

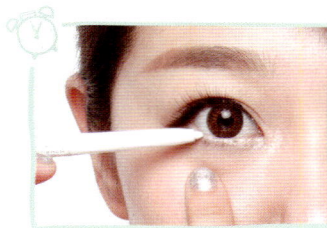

3. 在下眼睑的黏膜处用珠光白色眼线笔描画到内侧，为了与褐色保持平衡，下眼睑的颜色以轻薄为好。

黑色眼线液 + 闪亮眼线液

1. 先用黑色眼线液沿睫毛根部勾勒出极细的眼线，使眼部轮廓更加突出。

2. 待黑色眼线液干了之后，再用加入闪亮粒子的珠光眼线液重复勾勒在上眼睑睫毛根部。

3. 闪亮眼线液同时也要运用在下眼睑，沿下眼睑的黏膜处勾勒出内眼线即可。

根根分明的下睫毛
/提升下睫毛的存在感/

多数人的下睫毛都较为细短，难以打理出弧度，
配合电烫睫毛器，采用纵、横两种方法使用睫毛膏刷头刷涂睫毛，
可以改善下睫毛短、淡的问题，轻松实现向下翻卷的效果，提升存在感。

1. 涂抹下睫毛前也要涂抹睫毛底液，横握住刷头从下睫毛的根部向下刷涂。

2. 再竖握刷头涂抹，增加底液用量，增长睫毛，眼角与眼尾的短小睫毛也要用刷头的前端仔细打理。

3. 横握刷头从下睫毛根部向梢部刷开，使下睫毛根部也涂上浓密的睫毛膏，提升下睫毛的分量感。

4. 下睫毛较短较稀疏，竖握睫毛刷，用刷头的前端一根一根地仔细刷涂下睫毛，并且在梢部轻轻拉长。

5. 将电热睫毛器放在下睫毛根部保持3秒，然后再缓缓向梢部移动，使睫毛充分定型。

6. 用睫毛梳梳理下睫毛，将结块的睫毛膏去除，只梳理靠近梢部的睫毛，保持睫毛根部的浓密度。

POINTS 小提示

由于下睫毛短小，在涂抹睫毛膏的时候很有可能将睫毛膏蘸到眼周的肌肤上，可以先用棉棒轻轻拭去膏体，然后用干净的棉棒蘸取少量粉底液，轻抹在刚刚沾染的地方并晕开，最后用手指调整。

睫毛膏种类与选择
/ 发挥睫毛膏的最大功效 /

使用睫毛膏可以使睫毛变得浓密纤长，有使眼睛瞬间自然放大的效果，
而睫毛膏的刷头与内置的睫毛液决定了一款睫毛膏的功能，
可以根据自己的眼睛结构和希望达到的效果来挑选适合的睫毛膏。

根据自身睫毛选择刷头

长短不一的睫毛： 呈半月状的弯月形刷头可以贴合眼形弧度，将眼角、眼尾细小的睫毛都照顾到，刷头要细，刷毛要茂密。

稀疏、纤细的睫毛： 刷毛长短不一的螺旋形刷头可以均匀地拉长每一根睫毛，睫毛液充分地附着在刷毛之间，可以最大限度地提升睫毛的浓密感。

浓密却短小的睫毛： 呈现一字形、刷毛间隙均匀的梳子型刷头可以梳到每一根睫毛，并且打造出清爽的睫毛效果，适合搭配含有纤维的纤长型睫毛膏。

粗硬、下垂的睫毛： 选择具有较好卷翘力的四角形螺旋刷头，呈螺旋状的刷毛可以将中部睫毛拉长，眼角与眼尾睫毛变浓密，使睫毛呈放射状上翘。

稀疏无力的睫毛： 选择刷毛浓密的大号纤维刷头，超大超浓密的刷毛可以令根根睫毛都被浓厚的膏体包裹住，也可以充分地使睫毛卷翘。

卷翘型睫毛膏

可以使睫毛长久地维持弯曲上翘的状态，适合睫毛粗硬或平直的人使用。

纤长型睫毛膏

添加了纤维的睫毛液可以贴在睫毛梢部，醒目地将每一根睫毛拉长。

浓密型睫毛膏

可以使睫毛看起来更加茂密，内含纤维，能将更多的睫毛液附着在睫毛上。

防水型睫毛膏

干得快，游泳时也可以使用，但很难擦拭干净，卸妆时要仔细清理。

双头型睫毛膏

集两种功能为一体，配合使用能够起到更浓密纤长的效果。

透明型睫毛膏

呈透明的啫喱状，能维持睫毛的卷度和弹性，一般用作整理睫毛的底液。

假睫毛类型与款式

/ 洋娃娃般的放大电眼 /

假睫毛可以美化眼睛，随着越来越多人的使用，假睫毛的款式也越来越多，
想要根据搭配的妆容、出席的场合、自身的眼形来选择合适的假睫毛，
首先需要掌握下面几种基本款假睫毛的使用特点与粘贴效果。

假睫毛款式

自然纤长型：纤细的假睫毛与自身睫毛自然融合，无论在任何场合都不会有夸张的感觉。

中部浓密型：增加中间部分的密度，可以纵向拉长眼形，塑造出可爱的圆圆大眼。

眼尾加长型：眼尾睫毛长度较长，有拉长眼形的作用，适合小而圆的眼形，塑造性感的印象。

整幅下睫毛：用于提升下睫毛的存在感，自然的毛束呈现根根分明的效果，适合提升眼部纵向幅度。

浓密交叉型：增强了根部的密度，使睫毛显得长而浓密，前段纤长，轻松塑造大眼妆。

单株假睫毛：将一簇簇假睫毛贴在睫毛之间，如自身睫毛般效果自然，但操作较难，不适合初学者。

棉线梗假睫毛

支撑睫毛的线条由黑色的棉线制成。

优点：制作牢固，可以多次反复使用，即使浅浅地描画眼线也可以呈现鲜明的线条感。

缺点：如果有光的照射会使梗部变得明显，看出粘贴的痕迹，闭起眼睛时也会感觉不自然。梗部较硬，比较容易脱落和翘起。

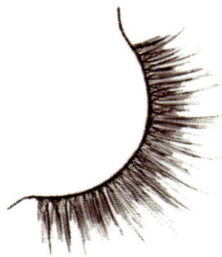

透明梗假睫毛

支撑睫毛的线条由透明的鱼线制成。

优点：比棉线梗更为柔软，方便粘贴，粘贴后看起来也更加自然，将整副假睫毛进行修剪后还可以用作下睫毛。

缺点：如果不画眼线就看不出更加清晰的眼形，而且较为容易损坏。

眼妆补妆

/ 快速修补"熊猫眼" /

一天出门在外，眼部皮脂多多少少会分泌一些油脂，
尤其在夏天，即使是效果再持久的眼妆产品也会产生脱妆的情况，
看起来像"熊猫眼"一样。及时地对眼部产生的晕妆进行修补，
随时随地保持清爽干净的妆容。

1. 用棉棒蘸取少量的卸妆乳，在眼部花妆部位轻轻擦拭，不要使用卸妆油，否则不容易再次上妆。

2. 再用指腹蘸取一些卸妆液，轻轻地按压在脱妆的部位，再次清洁的同时去除过多残留的卸妆产品。

3. 折叠粉扑并蘸取粉底，用折出的角轻轻地涂抹在卸了妆的部位，使脱妆部位的底妆与周边融合。

4. 用眼线刷蘸取与眼影颜色相同的眼线膏，只在眼线脱落的地方进行补充，否则会使眼线看起来深浅不一。

POINTS 小提示

当眼影脱妆，眼部看起来黯沉的时候，可以利用高光粉与带有珍珠光泽的眼影进行遮盖修复。用纸巾包住粉扑并按压眼下，去除多余油脂，然后将高光粉从下眼睑涂向脸颊。用指腹将珍珠颗粒细小的眼影均匀地按压在上眼睑，利用光泽消除疲劳感。

眼妆问与答 [Q&A]

解答常见眼妆疑惑

一个完美的眼妆可以使眼形更加完美，眼神更加明亮。
对于初学者来说，眼影、眼线与睫毛是不太容易掌握的彩妆部分，
下面就对常见的一些基础问题加以解答，以便更轻松地完成立体眼妆。

Q1

都说"强调眼窝"，应该如何确定眼窝的位置？

A 眼窝除了可以用深色眼影进行强调，也可以用亮色眼影进行提亮。将眼影涂抹在正确的眼窝位置，避免使眼妆看起来不自然。用眼影刷的笔杆或手指触摸到眉骨的位置，从而找到眼窝。

1. 用笔杆或手指按一下靠近眉峰下方的眉骨，将亮色眼影涂在这个位置上可以消除眼睛的疲惫感。

2. 用笔杆左右轻轻触摸眉骨下方的凹陷部分，找出眼窝的形状线，加入深色眼影强调眼部轮廓。

Q2

打造渐变眼影的时候，晕染到什么位置最为自然？

A 渐变眼影可以使眼神深邃的同时展现柔和眼妆。在描画渐变眼影的时候，要从上眼睑的眼球部位开始，晕染至眼睑的内侧，可以凸显眼部轮廓，使眼妆自然立体，涂抹前可以先用指尖轻触，确认位置。

Q3

粉色眼影总是使眼睛看起来肿肿的怎么办？

A 掌握好涂眼影的位置以及眼影颜色的搭配，就能避免这个问题。粉色眼影能够营造出优雅、柔美的气质。涂抹时不要大面积地涂满整个眼睑，而要呈杏仁状，细长地涂抹在上眼睑上，这样既能避免粉色的过度运用，还可以营造出柔和的眼部色彩。此外，在眼角处用深色眼影进行修饰也很重要。

Q4

把眼尾的眼线拉长后，
总觉得突兀不自然怎么办？

A 描画上眼线的时候，在靠近上、下眼尾衔接部位的三角形区域内，用眼线笔仔细地填充上颜色，并用细眼影刷涂抹均匀，不要露出原本的肤色，否则就容易显得眼线过于突兀。

Q5

将眼线晕染开之后看起来脏脏的怎么办？

A 将眼线晕开后，可以使眼妆看起来更加自然柔和，也可以避免花妆。但是晕染得范围过大或颜色过重都会使妆感显脏。用棉棒的尖端，只将眼线的上部轻轻抹开，防止晕开眼线导致眼周显脏。黑色眼线会使妆容显得生硬，脱妆也会更加明显一些，用茶色或者灰色眼线笔描画眼线，使眼妆更加柔和。

Q6

睫毛膏在睫毛梢部结成块，变成"苍蝇腿"怎么办？

A 睫毛膏膏体太干或刷涂得过多会导致睫毛膏结块。使睫毛看起来如"苍蝇腿"一样，这时可以先用卸妆油软化膏体之后，将残留物清理掉，然后再重新涂抹睫毛膏。

1. 用棉棒蘸取适量的眼部卸妆油，轻轻涂抹睫毛，将睫毛膏软化。然后将棉棒折成一半后，用断面上的尖刺挑开结块的睫毛。

2. 用手指从睫毛根部开始轻轻向外拉，清除残留物，轻轻重复几次，直到清理好为止，然后重新涂抹睫毛膏。

Q7

刷完睫毛膏后，睫毛又立马开始下垂怎么办？

A 用睫毛夹从根部夹起睫毛，将睫毛全部弯卷，对于眼尾和眼角的睫毛，也仔细用睫毛夹一点点弯卷上来。为了避免弯卷好的睫毛再次下垂，需要用睫毛底液进行定型，从睫毛根部开始涂起，然后利用睫毛电烫器的热度，使睫毛恢复弯曲。将电烫器放在睫毛上，并保持数秒，慢慢向睫毛梢移动。热度消失后，睫毛就会保持弯曲状态。

第五章

立体修容

小脸立刻显现

1分钟

◎ 根据脸部骨骼结构，配合腮红、高光粉和修容粉，利用光影作用不留痕迹地修饰出脸部的立体感。

◎ 恰到好处的晕染手法使脸颊的色泽更加健康，并在必要部位加入高光与阴影，打造凹凸有致的紧致轮廓。

◎ 根据眼妆、唇妆以及肌肤的颜色，选择不同颜色与质地的腮红，打造出不同的妆容效果。

7分钟画完最美裸妆

修容的作用是使脸部更加紧致、立体并且红润,
应该针对哪些区域进行修饰?

将脸部分为三部分进行修容

完美的立体修容主要包括腮红、高光和阴影粉的加入,
结合自身的脸型特点,弥补脸型的不足,强调出立体骨感与健康气色。

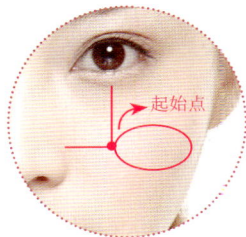

腮红区——红润脸颊的最高点

起始点

鼻翼横向的延长线与瞳孔正下方的垂直线的交点就是苹果肌的最高点,也是腮红的起始点,由此点向微笑时颧骨最凸起部位来回刷涂是腮红的基本刷法。

高光区——光线集中的部位

包括眼下三角区及较凸出部位,在视觉集中的高光区加入亮色,提升透明度,强调立体感。
(① T区 ② 眼下三角区 ③ C区 ④ 高光区)

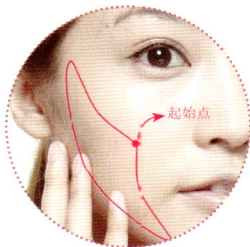

阴影区——收紧轮廓的位置

起始点

加入阴影的起始位置,基本位于嘴角与太阳穴连线及颧骨下方凹陷处的交会点,从这一点开始,向脸周及下颌自然延展开,修饰轮廓。

POINTS 小提示

面对较多的腮红颜色,选择时以呈现健康气色与自身肌肤融合为原则,还要考虑与妆容变化及所要表现的个性气质相协调,在化妆时结合希望展现的氛围来挑选。

粉色: 使肤色呈现柔和印象,打造粉嫩苹果肌。
米色: 最接近肤色的自然色,营造自然优雅的印象。
玫瑰色: 显色度较好,强调华美的成熟女性气息。
珊瑚色: 带给双颊稳重与紧致感,可作为阴影色使用。
橘色: 赋予双颊明亮色泽,打造富有活力的健康妆效。
玫红色: 凸显沉稳与好气色,提升成熟女性魅力。

腮红既可以提升气色，又能起到修容的作用，怎样才能发挥腮红的最大功效呢？

选择适合自身肤质的腮红产品和
可以修饰脸型的腮红手法

不同的腮红产品与涂抹手法会产生不同的效果，根据自身的肤质与脸型上的缺陷，利用腮红打造精致的小脸红润妆容。

粉状腮红

特点：质地轻薄，带来细腻肤质和自然红润。
使用：配合使用平整且松散的腮红刷，点按苹果肌处。

适合人群 适合一般及油性肤质，不适合较干肤质使用，否则会产生浮粉。

膏状腮红

特点：油脂含量较高，显色度与持久性也较高。
使用：用海绵蘸取适量膏体点涂在合适的位置，并用手指向外晕开。

适合人群 适合干性肌肤，可以使腮红与肌肤紧密贴合。

液状腮红

特点：由水与颜料组成，挥发速度快。
使用：少量多次使用，要快速推匀，以免干掉后变成不均匀的色块。

适合人群 适合干性肤质，可以打造出贴合度高、自然的腮红。

圆润腮红——可爱的圆形腮红

微笑时从颧骨最高处向周边呈圆形涂抹。

用粉色、蜜桃色的腮红呈现甜美气息。

适合倒三角形脸型、长形脸，使轮廓更加圆润不生硬。

自然腮红——优雅的月牙形腮红

沿脸颊轮廓先从外向内涂抹，再呈椭圆形反向晕染。

用自然米粉色提升优雅气质。

适合椭圆形脸与菱形的脸型，从视觉上强调柔和印象。

平行腮红——健康的椭圆形腮红

沿颧骨轮廓从脸颊至鼻部呈椭圆形平行涂抹。

用橘色系腮红打造健康双颊。

适合长形脸与三角形脸，使轮廓看起来更富有表现力。

收敛腮红——精致的心形腮红

微笑时颧骨最高处、太阳穴下方及耳前的包含区域。

用珊瑚色等偏深色调整脸型。

适合圆形脸及方形脸，收紧脸颊，使脸型显得更小巧。

7分钟画完最美裸妆

什么样的腮红画法可以打造出自然的圆润红晕，呈现甜美气息？

提升可爱印象的圆形海绵
重点是从颧骨中央开始画圈晕开

圆形腮红给人一种甜美可爱的感觉，可以与粉色相搭配。
以画圆的方式刷上腮红，着重打造脸的中心部位，呈现洋娃娃般小巧的脸颊。
消除水肿并恢复黯黄肤色，打造能充分吸收粉底的良好肌底。

甜美可爱的圆形腮红

圆形腮红使脸部轮廓看起来圆润、不生硬。
以颧骨最高处为中心点画圈晕染粉色腮红。

1. 将腮红刷左右来回移动蘸取腮红后，将腮红刷放到纸巾或是手背上调整颜色，避免颜色过于厚重。

2. 以微笑时颧骨的最高点为涂抹的中心，用腮红刷向外侧均匀涂开，以画圆的方式沿颧骨的弧度滑动刷头，形成圆润红晕。

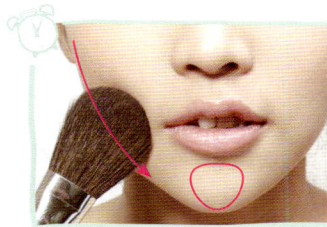

3. 轻轻滑动刷头，用刷头上余下的腮红从耳前带至下巴，强调脸部轮廓的纵深感，并在下巴上轻擦，淡淡的红晕提升妆容的华美感。

4. 蘸取淡淡的珍珠粉色腮红，轻扫眼下，提升光泽度。

5. 用海绵轻按腮红的轮廓周边肌肤，使腮红轮廓与周围肤色自然淡开。

POINTS 小提示

通过深、浅两种颜色打造出的双重圆形腮红可以在表现可爱的基础上提升整体气质。先用淡粉色腮红在大圆的区域内画圈涂抹，然后在微笑时颧骨的最高处画小圈涂抹粉色腮红。

7分钟画完最美裸妆

早上画完腮红后，粉末很容易浮在脸上，为什么到了下午腮红就不见了？

滋润的膏状腮红搭配腮红
使腮红更服帖持久

服帖的膏状腮红可以使脸颊肌肤看起来透明，富有光泽，
其用量不易控制，涂前在手背上调整用量，涂后利用粉底淡化过重的颜色。

服帖持久的膏状腮红

膏状腮红其滋润的质地使腮红更加服帖持久。
利用手指与海绵涂抹，过量时用粉底淡化。

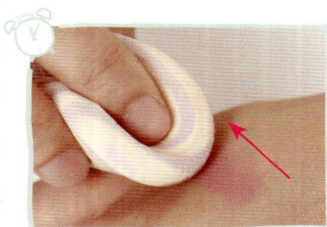

1. 用化妆海绵蘸取膏状腮红之后，将化妆海绵上的腮红一点点涂在手背上，直到颜色变为透明为止。

2. 从颧骨最高处开始，向太阳穴方向用化妆海绵轻拍，然后向外移动海绵块，将腮红晕开。

3. 将化妆海绵贴在脸上，并轻轻拍打脸颊，将腮红边缘涂开，使效果更加自然。

4. 若没掌握好用量使得腮红颜色过深，可以用粉刷蘸取适量的粉底，轻轻扫在脸颊部位，淡化腮红颜色的同时提升腮红的服帖感。

POINTS 小提示

用指腹蘸取适量的膏状腮红，从眼部下方开始，向着太阳穴方向有间隔地点一下，然后从内向外轻轻地将腮红涂开，手指不要过于用力，涂开后再用指腹轻轻拍打，消除明显的边缘。

如何打造犹如自身红润般、自然通透的光泽感腮红？

使用膏状与粉状腮红
呈月牙形涂抹，显色更自然

月牙形腮红修饰轮廓并提升甜美度，从视觉上强调出柔和印象。
运用强调中部的手法与不同质地的叠加，营造出立体有光泽的质感。

柔嫩光泽的红润肤色

膏状与粉状腮红重叠涂抹，营造出立体而富有光泽的质感，
使腮红看上去犹如自身般红润。

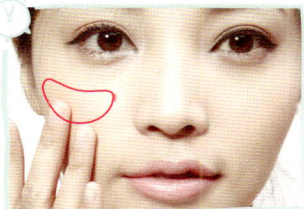

1. 将膏状腮红点涂在微笑时颧骨的最高处，然后用指腹将腮红呈月牙形轻轻地推抹开。

2. 用化妆每绵轻轻拍打并按压腮红的边缘，消除明显的腮红边界，使腮红更加自然服帖。

3. 蘸取与膏状腮红同色调的粉状腮红，在颧骨下方横向呈月牙形大面积涂抹开，然后将同色系的珠光腮红点涂在脸部中央，强调立体感。

4. 将浅粉色珠光蜜粉在眼部下方与腮红的交界处小面积淡淡地晕染，自然衔接腮红与眼部下方，消除眼周黯沉。

5. 将透明蜜粉轻扑在涂抹腮红的部位，使颜色更均匀，营造出白里透红的自然红润感。

POINTS 小提示

用指腹蘸取少量含有珠光粒子的高光粉或者眼影，在涂抹腮红的中央部位向外侧画小圈涂开，使粉状腮红显得更加通透，提升脸颊的光泽感。

用粉红色唇线笔涂满整个唇部打底，再用唇蜜从中部开始向外侧涂开，自然红润的底色与唇蜜相搭配。

选择了具有收敛作用的珊瑚色腮红，为什么涂抹腮红后脸看起来更显圆？

大面积晕染与中央处的涂抹相结合
用层次感修饰脸型

大面积的晕染打造柔和感，中间部分的点涂强调了层次感，
呈现血色的同时打造小脸美肌，整个脸颊浮现微微诱人的红潮，令人怜爱。

柔和饱满的幸福感腮红

有层次地大面积晕染珊瑚色，呈现饱满柔美。
在中心部位稍稍点涂出红晕，突显可爱效果。

1. 从微笑时颧骨的最高处开始，沿着颧骨的弧度将珊瑚色腮红晕染涂抹到脸颊骨转角的部位。

2. 将腮红刷向下移动，在距离上一步骤的腮红约一指的地方，从脸颊中央开始，由内向外将腮红轻扫于下方。

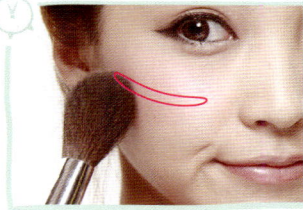

3. 在上、下部分晕染完腮红之后会产生一条空隙，直接用腮红刷晕染中间的空隙部位，将上下腮红的层次自然地连接起来。

4. 用腮红刷补充少量的珊瑚色腮红，轻轻地在黑眼球的正下方呈点状重叠涂抹，提升层次感。

POINTS 小提示

为了避免腮红的颜色过于浓重，用刷头充分蘸粉后，要在手背或纸巾上去除浮在表面的粉末。涂完腮红后，用海绵或粉扑将腮红轮廓与周围肤色自然氲开，消除明显的边界。

在上眼睑处晕染浅棕色眼影，从睫毛根部开始向上颜色越来越淡，呈现自然效果是重点。

用唇刷蘸取肉粉色唇膏，从嘴角开始向中间细细涂抹，然后将浅粉色唇彩涂抹整个唇部，提升光泽度。

7分钟画完最美裸妆

如何拯救惨白脸色，变身为充满夏季感的健康肌肤？

以横向滑动的手法加入橘色
享受日光浴般的健康气色

将腮红刷横向滑动，平行刷涂，并且采用衔接的晕染方式，
打造充满新鲜感的日晒妆容，光与影的交相辉映呈现立体的视觉轮廓。

横向涂抹打造健康印象

用营造日光效果的橘色腮红横向涂抹出日晒妆容。
横向握腮红刷是要点，将腮红平行扫在脸颊两侧。

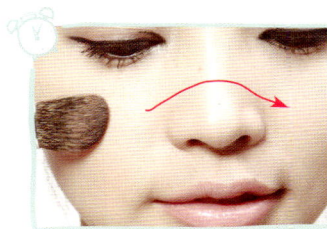

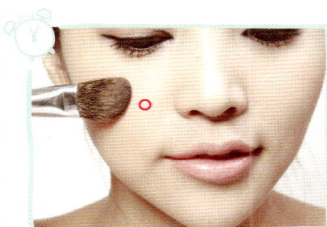

1. 从略低于基点（鼻翼的横向延长线与黑眼球的垂直连线交会处）的位置开始，横向滑动腮红刷。

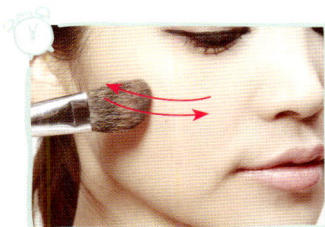

2. 用腮红刷横向滑动至颧骨外缘再反手刷回，额头至鼻梁、颧骨至下颌，用余粉一带而过，收敛整体轮廓。

3. 用腮红刷上的余粉，从一侧脸颊滑过鼻梁至另一侧扫上腮红，呈现出健康的妆效。

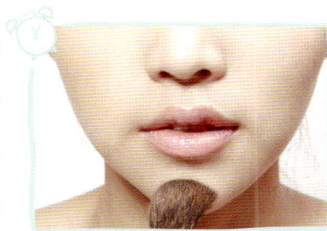

4. 同样用余粉在额头的中央大面积淡淡地刷上一层，最后在下巴上也刷上一笔，使妆容自然协调。

POINTS 小提示

偏粉色

偏橘色

腮红的基调中，粉红色调不属于自然的基础色调，特别是打造裸妆时，看上去很有好感的粉红色反而会显得妆容不自然。而富有光泽的蜜桃色，介于粉色与橘色之间，与肌肤的相容性较好，是不容易出错的基本色，或用粉色与橙色混合，呈现自然好肤色。

7分钟画完最美裸妆

如何用腮红呈现红润的同时提升脸部的立体感，起到修容的作用？

通过多色涂抹以及浓淡变化
提升脸部层次感

借助不同的腮红颜色、涂抹区域与手法凸显脸部轮廓，
以下三种方法起到修容作用的同时也呈现出了不同的妆容印象。

层叠式腮红体现脸部层次

配合月牙形的晕染方式，提升自然红晕的同时，
修饰脸部轮廓，提升自然成熟印象。

1. 在微笑时颧骨最高处下方涂抹珊瑚色膏状腮红，用指腹向下大面积地推抹开，边缘处拍按均匀。

2. 用面巾纸轻压涂抹腮红的部位，拭去多余油脂，然后用粉扑蘸取少量的蜜粉轻压脸颊进行定妆。

3. 用与步骤1的膏状腮红同色调的珊瑚色粉状腮红，从颧骨下方斜向上呈月牙形刷至发际线。

4. 蘸取偏咖啡色的粉状腮红，从发际线斜向下晕开。

5. 用亮粉色腮红淡淡晕染眼下与腮红交界处，自然衔接腮红与眼下肤色。

POINTS 小提示

将微笑时颧骨最高处、太阳穴下方及耳部前侧这三个位置自然衔接，在脸颊形成一个不规则的心形区域，按照这个区域在脸颊涂抹腮红，可以提升自然血色效果与紧致轮廓。

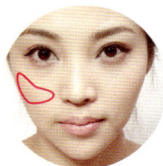

米色 + 粉色紧致脸部轮廓

从脸颊入手，借助不同颜色与不同的腮红画法，使脸颊从视觉上变小。

A. 莹彩修容四色腮红
B. 晶采双色高光亮粉

1. 用圆头腮红刷蘸取米色腮红，从颧骨下方开始，分别向太阳穴、耳根处轻刷均匀，收紧脸颊。

2. 用圆头腮红刷在脸颊最高处加入粉色的腮红，与步骤1的腮红自然融合，并用刷头上的余粉在下颌处淡淡扫上一层红晕，提升紧致感。

3. 用大粉刷沿着腮红轮廓轻扫，使腮红颜色自然过渡，然后用小号粉刷蘸取高光粉，从下眼角向眼尾方向轻轻刷涂一下。

自然的浓淡渐变效果

通过深浅以及高光色的递进，以叠加刷涂的方式打造出富有层次感的自然红晕。

1. 用刷子蘸取橘色腮红，在手背上调整用量后，呈微笑状以椭圆形向外侧刷涂在脸颊最高处。

2. 用刷头蘸取浅橘色腮红，从刷头尖端由内眼角细细地刷向外眼角，修饰黑眼圈，提亮妆容。

3. 蘸取高光色腮红，从眼尾沿着颧骨上方的位置涂刷，使妆容更加立体。

4. 用斜头阴影刷蘸取浅橘色腮红，沿鬓角至下颌的脸周轮廓线轻刷一层，自然收紧轮廓。

POINTS 小提示

在脸颊营造白里透红的自然红晕，腮红色和自身肤色的搭配很重要，否则即使用法得当，也会显"村红"，白皙肤色较适合浅一些的粉桃色腮红，象牙肤色适合珊瑚色腮红，而偏深肤色则适合明亮的玫红色腮红。

如何借助阴影粉修饰出紧致的脸部轮廓，制造精致立体的五官？

以轻轻滑过的方式
在阴影区域轻薄地添加阴影粉

阴影可以带来凹陷、深邃和收敛的视觉效果。
沿着骨骼结构加入适当的阴影粉，可以使脸部结构更加立体。

用阴影色收敛脸部轮廓

用较少的粉末晕染出自然阴影，以轻轻滑过的方式在阴影区域添加上颜色。

1. 轻咬牙，将示指沿着脸颊凹陷处放置，指尖触及的耳部前侧就是加入阴影的起点。

2. 用修容刷蘸取阴影粉，在面巾纸上轻扫去余粉，从起点向侧面小幅度地呈放射状轻扫上阴影粉。

3. 用阴影刷从起点开始，沿着脸部轮廓一致刷至下巴。耳朵下方至下巴的轮廓线处也要轻刷阴影，使脸部与颈部颜色自然过渡。

4. 从眉峰处开始，沿着发际线小幅度移动刷头扫至起点位置，修饰出紧致的轮廓。

POINTS 小提示

刷侧面轮廓的阴影之后，再沿轮廓线向内侧刷一次，使腮部轮廓更柔和。在额头上方（横向不超过眉峰）与下巴尖轻刷阴影，可以从视觉上缩短长度，脸部轮廓看上去更小巧。

7分钟画完最美裸妆

如何修饰不够挺拔的鼻梁　使五官印象更加清晰?

用高光粉与阴影粉制造出光影效果
强调立体挺拔的鼻梁

将高光粉扫在额头、鼻梁、眼下、嘴角与下颌提升立体感，再在鼻梁两侧加入阴影粉，进一步凸显轮廓，与"塌鼻梁"说再见。

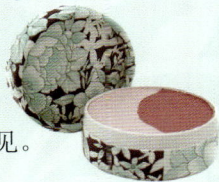

高挺鼻梁凸显出立体轮廓

将高光粉扫在额头、鼻梁、眼下、嘴角与下颌，利用高光与阴影的效果塑造立体轮廓。

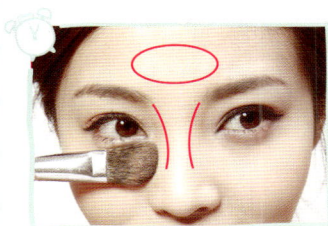

1. 从额头中部开始呈圆形刷上高光，不要涂得过宽，范围不要超过眉峰延长线，然后向眉间移动。

2. 将高光粉向眉间呈倒三角形刷向鼻梁，换小刷子细细涂至鼻尖。

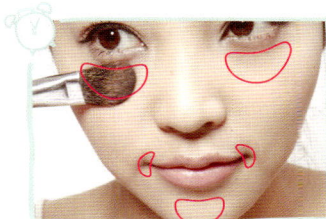

3. 在眼下的三角区、嘴角、下颌处薄薄涂抹上高光粉，用刷头轻轻地拍按，使光泽更自然均匀。

4. 从眉头下方至眼角外侧的鼻梁部位刷上深色粉底，淡淡晕染一层即可，衬托出深邃眼窝。

5. 鼻梁两侧涂深色粉底，并与眉头处的阴影自然衔接，利用高光影对比，使鼻梁更显挺拔，最后在鼻头两侧一带而过。

POINTS
小提示

只在鼻部进行修饰会显得不自然，额头、鼻梁、眼下三角区与下颌要整体用光影提升凹凸感。选择修容粉时，要结合质感与修饰部位的不同进行调整，想要凸显挺拔的部位，用珠光粉；想要显凹陷的部位使用亚光粉。

7分钟画完最美裸妆

如何利用高光自然地提升立体感，打造凹凸有致的妆容？

通过着重提亮自然地强调轮廓
凸显透明立体光泽

通过在视觉的中心区域轻薄地加入高光，利用粉末的光反射原理，增加局部立体感，提升肤质透明度，凸显富有光泽的立体妆容。

柔和地强调脸部立体感

刷高光粉时要在肌肤上轻拂，使高光粉附着得更轻薄，光感才能更自然。

1. 用高光刷蘸取高光粉，两面都要充分蘸粉，然后将刷头在纸巾上轻拭，调整高光粉的用量。

2. 从额头的中央开始，按照"川"字形向下轻柔描绘，轻刷至眉毛上方。

3. 从眉心开始，将高光粉向鼻尖处轻刷，要一笔刷过，避开鼻尖的部分，使鼻梁处的提亮看起来更加自然。

4. 从内眼角下方呈放射状刷涂高光粉，提亮眼睛下方的三角形区域。

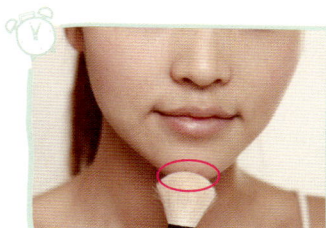

5. 用刷子的尖端将刷头上的余粉扫在下巴尖的区域。

POINTS 小提示

用修容刷在眉峰下方，沿着眉毛的生长方向重复涂抹高光，然后同样用修容刷沿着眼尾下方的C形区域轻轻地涂抹高光，可以使眼部轮廓更加清晰，使眼睛更加有神。

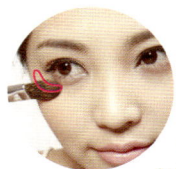

脸颊倒三角区的细腻提亮

脸颊倒三角区是视觉的中心区域，通过提亮使妆容更透明，肤质更显光滑。

A. 明亮立体珠光高光粉
B. 眼部专用遮瑕乳

1. 将眼部专用的遮瑕霜或具有调色功能的化妆底乳倒在手背上，用指腹边少量蘸取边涂抹是要点。

2. 用指腹从眼部下方开始，沿着眼部轮廓点涂遮瑕霜至鼻翼的倒三角区域，边涂抹边补充，避免涂抹得过于厚重。

3. 用指腹沿着涂抹遮瑕霜的区域，边轻轻按压边将遮瑕霜晕开，涂抹的范围不要过大，提升遮瑕霜的贴合度与遮瑕力。

4. 用化妆海绵蘸取适量的粉底液，轻轻按匀在眼下的遮瑕部位，将倒三角区的轮廓线晕染模糊，不要过于用力地涂抹。

5. 用高光刷蘸取高光粉后，刷头两面都要充分蘸匀，横向使用刷子，从眼角下方的鼻梁侧面开始，沿眼下轮廓至黑眼球下方为止，均匀涂抹上高光粉。

6. 从眼角下方开始，斜向滑动刷头朝脸颊方向扫开，至黑眼球下方，使高光向脸颊自然过渡，形成三角形高光区。

POINTS 小提示

使用刷头尖端细一些的锥形刷更加容易打理细节的肌肤部位。刷涂高光粉的时候，不要太用力地按压刷子，在肌肤上轻拂即可，使高光粉附着得更加轻薄，光感才能显得更加自然。

高光的颜色不要过于发白，否则会使妆容看上去很不自然。可以选择含有细微珠光，与肌肤贴合度较好的高光粉，带给妆容细腻而柔和的光泽。

7分钟画完最美裸妆

问与答 [Q&A]
涂腮红会遇到……

Q1

很喜欢粉红色的腮红，但是涂完后又觉得有点夸张怎么办？

A

用与肤色融合的颜色打造柔和的腮红。粉红色并不属于自然的色调，涂抹之后容易显得突兀，看上去很有好感的粉红色反而会显得妆容不柔和，而富有光泽的蜜桃色腮红是百搭的基本色，不容易出错。除了颜色的恰当选择，上腮红时，应从颧骨最高点或略下方开始，再晕开。

Q2

涂抹粉质腮红后，很快就出现脱妆现象怎么办？

A

选择质地润泽的膏状或慕斯状腮红。粉状腮红是最常用的类型，涂抹后效果自然轻盈，夏季使用粉质腮红会更服帖于肌肤。但在干燥的秋冬季节，或对于偏干性的肤质，粉质腮红很容易浮在肌肤上，导致脱妆。

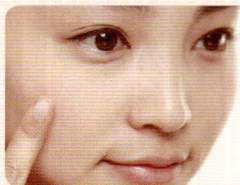

1. 为了提升腮红的润泽感与持久性，适合选择饱水性较好的膏状或慕斯状腮红，涂抹后比粉状腮红更贴合，使用起来也简单一些，不需要腮红刷。

2. 涂膏状腮红后，用大粉刷蘸取散粉或与膏状腮红同色调的粉状腮红，重叠轻扫在膏状腮红上，提升腮红的持久性，抑制油光，使红润更显透亮。

Q3

一不小心将腮红涂抹得过重了怎么办？

A 蘸取腮红时要控制用量，也可以用蜜粉修饰腮红过多的情况。在蘸取腮红后，先轻轻掸掉多余粉末再晕染，避免一开始上色过重，影响妆效。也可以用粉扑按压薄薄一层蜜粉，简单地中和过重的腮红。

Q4

画了圆形腮红之后，脸看起来胖嘟嘟的怎么办？

A 应该根据自身的脸型适当调整刷法。用腮红来修饰脸部，首先要在画腮红前明确脸型，并结合不同脸部的骨骼特点，选择适当的腮红形状。其中，圆形腮红是最常见、最简单的画法，可以呈现甜美、年轻的效果，但是一味涂圆形腮红，有时反而会凸显脸型上的缺点。特别是对于胖嘟嘟的圆脸形，选择后三角形画法才是正解。

1. 用腮红刷蘸取腮红后，从太阳穴开始上腮红，并打圈晕开至颧骨处，使颜色逐渐向脸颊内侧过渡。

2. 再从太阳穴开始向上晕开至额角处，修饰额头部分，使腮红较深的颜色靠近脸颊外侧。

Q5

大面积地晕染脸颊后，妆容缺乏立体感怎么办？

A 不要用平铺的方法单纯涂满整个脸颊，塑造自然淡开的红晕。过宽的腮红晕染面积不适宜在日常的妆容中出现。新手往往存在一个通病：反复修改。这里补一点那里修一点，结果越改越宽，显得妆容又脏又乱。晕染腮红时不要涂抹得过于均匀。大面积平铺，逐渐向周围淡开，使颜色自然过渡。

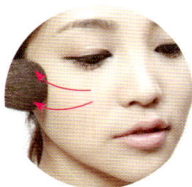

1. 应该从一个中心将腮红晕染开。将腮红刷在颧骨最高处，并遵循从上到下的晕染顺序。

2. 一般从太阳穴刷到脸颊两侧，这样可以更好地控制粉刷，不会使腮红的面积过大。

CHAPTER 6
第六章

让妆容活起来

唇妆

① 分钟画完

◎唇妆是展现女性独特魅力的重要象征，均匀的健康色泽、圆润的立体轮廓，是提升妆容表现力的重要因素。

◎在选择唇膏颜色的时候要结合整体风格来选择合适的色调，不妨多尝试一些新鲜的颜色，使人眼前一亮。

◎了解自己的唇部缺陷，利用唇线与遮瑕膏调整唇形，塑造完美唇妆。根据眼妆、腮红的色调选择唇膏颜色，

如何才能对唇形进行正确的修饰，并打造出完美的唇妆？

了解唇形中的基本要素
利用适宜的唇妆产品进行修饰

在这 6 个基本要素上进行唇妆的勾勒与描画，再搭配不同手法，
打造丰润饱满的平衡唇形，呈现光泽感与立体感。

唇形的 6 个基本要素

上、下唇的厚度以 1:1.2 为基本比例，略厚一些的
下唇可以使唇形显得更饱满一些。

★ **唇峰**：最高部位的轮廓要有一定饱满感，线条圆润，不要出现明显的棱角。

★ **唇侧**：上、下唇的侧面轮廓线呈现出一定的丰盈感，过薄会显得唇形不饱满。

★ **下唇**：上唇厚度比例为 1:1.2 较适中，下唇中部外缘描深色唇线，强调出立体感。

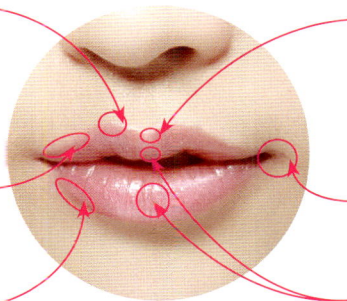

★ **唇缘**：唇峰上侧的边缘处用高光粉沿唇峰轮廓提亮，强调出立体的唇部轮廓。

★ **嘴角**：微微上翘的嘴角提升亲和力，通过遮瑕并描画上扬的唇线，打造微笑表情。

★ **唇中**：上、下唇的中部强调凸出部位的光泽，闪亮唇蜜使唇形更显圆润。

唇妆产品

★ **唇部打底**：干燥会导致唇纹加深，无法营造出润泽感，用棉棒蘸取保湿润唇膏，顺纹理将唇纹填平，使唇部平滑更易上妆。丰唇油与遮瑕膏可以提升唇部饱满感，修饰原本唇色，打造立体唇形，使后续唇膏更显色。

★ **唇线笔**：唇线笔可以更精准地描画出唇形，并为不完美的唇形作修正，或是根据需求来做唇形调整。一般使用唇线笔的颜色多半与自然的唇色相近，或是与表现的唇膏颜色一致。

★ **唇膏**：唇膏可以增加嘴唇的色泽或改变嘴唇的颜色，以螺旋转出的方式居多，也有比较细的笔状。目前市面上的唇膏种类主要有金属光感、丝质、油亮、水润等。

涂完唇膏后，嘴唇上出现明显的纹路、起皮的现象怎么办？

上唇妆前使用润唇膏与遮瑕膏

滋润肌肤、隐藏干纹

唇部水分不足和角质堆积是造成唇纹、唇色黯哑及脱妆的主要原因之一，妆前用润唇产品与遮瑕膏消除干纹，淡化原有的唇色，使后续唇膏更好着色。

滋润打底提升唇妆效果

妆前使用润唇产品为唇部肌肤补水，抚平干纹可以使后续唇膏更好着色。

A   B

A. 护唇膏   B. 唇部遮瑕霜

1. 在涂抹唇膏或者唇蜜前，先用润唇膏滋润唇部，含维生素 E 及有防晒作用的润唇膏有助于恢复唇部肌肤的弹性，并抚平干纹。

2. 用指腹将润唇膏涂抹在唇部并轻柔进行按摩，使润唇膏中的滋润成分充分覆盖并渗透唇部肌肤。

3. 在润唇膏的滋润成分充分被吸收后，用纸巾轻按，消除表面的多余油脂，使唇部获得清爽感。

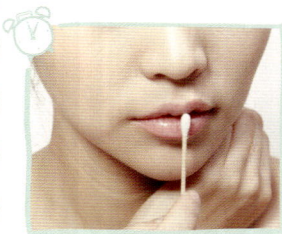

4. 较深的唇纹会影响唇妆效果，用棉棒蘸取质地略稠的护唇膏，顺纹理将细纹填平。

5. 用遮瑕刷蘸取遮盖唇色的遮瑕底膏，薄薄地涂在整个唇部，均匀遮挡住原先的唇色。

POINTS 小提示

唇部的老化角质会造成唇色黯沉等问题。用毛巾热敷唇部软化角质后，用天然的磨砂膏按摩，然后敷 3 分钟唇膜，护理后涂抹防晒唇膏，可以提升唇妆效果。

如何在涂抹唇膏前，用唇线笔描画出清晰又流畅的唇线？

按照顺序勾勒出流畅的唇线

通过标记出唇峰、唇谷和下唇中央等几个关键位置，连接出流畅曲线。
唇峰位置的弧度过尖会更显距离感，圆润的线条更富有女性气息。

流畅唇线强调饱满唇形

先将唇谷、唇峰、下唇中部的位置标记出来。利用浅色唇线的反光效果塑造立体唇峰轮廓。

1. 用与唇膏同色系的唇线笔在嘴唇上描画圆点，标出位于唇中线上的唇谷与下唇中央位置作为基准点，之后由圆点开始用曲线连接。

2. 用唇线笔画圆点标示出唇峰的位置，两侧的唇峰要对称，高度一致，与唇谷形成的角度适口。

3. 从唇峰最高点描向唇谷，以流畅的线条衔接上，勾画出嘴唇中部的边缘轮廓，上唇中部的轮廓线要饱满。

4. 从唇峰基准点开始向唇部两端画上唇线，用自然流畅的弧形曲线连接唇峰到唇角部位。

5. 从距离嘴角约2毫米处开始从两侧向下唇中部的基准点描绘下唇纹，然后将嘴角的上下唇线连接在一起。

6. 用颜色较浅的唇线笔沿着唇峰至唇谷的轮廓线外缘描画线条，形成"V"形。

POINTS 小提示

与唇刷相比，唇线笔能描画出柔和线条，也能描画出尖锐线条，笔芯质地还可以涂满嘴唇打底，选择和唇膏同色的唇线笔，其中自然米粉色适合打造日常妆。

7分钟画完最美裸妆

上完唇妆后，很快就出现脱色的现象，如何使唇妆更加持久？

通过重复涂抹与重复按压
加固膏体并提升其贴合度

在反复涂抹唇膏之间，用纸巾轻轻按住嘴唇，从而加固唇妆。
夹层式的涂抹方法提升了唇妆的持久度，使亮丽的妆容保持一整天。

夹层式涂抹使唇色持久

在反复涂抹唇膏之间用纸巾轻拭唇部表面。夹层式手法提升了唇膏与唇部肌肤的贴合度。

1. 先用唇刷蘸取唇膏或唇蜜，仔细地涂满在整个唇部，从嘴角向内涂抹，避免唇膏堆积在嘴角。

2. 用纸巾分别在嘴唇的左半部分与右半部分轻按，吸拭浮在唇部肌肤表层的膏体。

3. 按照步骤1中的唇部轮廓，用唇刷再次涂抹唇膏，容易脱色的嘴唇中部着重多涂几次。

4. 重复涂抹唇膏之后，再一次用纸巾分别轻轻按住唇部两侧吸去颜色。

5. 最后再用唇刷蘸取少量唇膏，均匀地涂抹整个唇部。

POINTS 小提示

用棉棒仔细擦去溢出的唇膏或不平滑的唇线，调整唇部边缘的线条，明显描出轮廓线外的线条或颜色可以用遮瑕笔遮盖，并用海绵补涂粉状粉底加以修饰，避免脱妆。

7分钟画完最美裸妆

如何从缺乏亲和力的下垂嘴角变身为充满微笑的幸福唇形？

通过遮瑕与唇线修饰嘴角
用局部修饰提起线条

用与肤色融合度好的肉色唇线笔描画嘴角线条，自然地修饰出上扬嘴角，在提升整体妆容亲和力的同时，修饰了唇周的黯沉肤色，使唇形更加清晰。

上扬的嘴角提升好感度

在嘴角涂抹遮瑕膏，修饰上上扬的嘴角轮廓。用肉色唇线笔描画出微微翘起的唇线。

A. 双色遮瑕膏
B. 肉色唇线笔

1. 保持微笑的表情。以嘴角提起的轮廓为基准，用唇刷蘸取遮瑕霜，沿轮廓线斜向上描画粗一些的线条，唇部两侧要涂抹一致。

2. 用指腹沿着涂抹方向边向上边轻轻将遮瑕霜涂抹开，使遮瑕部位与周边的肤色自然融合。

3. 用化妆海绵蘸取少量粉状粉底，轻轻按压涂抹遮瑕膏的嘴角部位，提升肌肤润滑感，便于描画唇线，并使遮瑕效果更持久。

4. 用肉色唇线笔从上唇嘴角向上2毫米的高度开始，向唇峰描画上唇线并与唇峰自然衔接。

5. 沿遮瑕后的轮廓，从嘴角向下唇中部勾勒下唇线，最后将上、下唇线自然衔接就可以了。

POINTS
小提示

在上唇的唇峰部分用含珠光因子的浅色唇线笔描画，稍微涂出嘴唇轮廓一点，可以营造出丰润感，使唇部显得更加饱满立体。

如何修饰自身唇部上的缺陷，例如唇部肌肤、唇形、唇色，从而使脸型更加完美？

通过改变唇形、涂抹手法、颜色对比
隐藏唇部瑕疵

过深的唇纹、过薄的唇形、过深的唇色等缺陷可以通过简单手法进行修饰。
解决了唇部瑕疵后，就可以提升脸部平衡感，使整体妆容更加立体、精致。

纵向涂抹唇膏，隐藏唇纹

借助微笑式上妆法，将唇部肌肤展开，使唇膏充分上色，色泽更加饱满。

1. 用唇刷沿唇部轮廓将唇膏涂抹在整个唇部，从嘴角向内涂抹，避免唇膏堆积在嘴角导致脱妆。

2. 将嘴角微微向外张开，使嘴形呈发"yi"时的微笑状，在步骤1涂抹的唇膏上，再重叠涂抹一次。

3. 在重复涂抹唇膏后，用纸巾轻轻按住嘴唇，拭去唇部表面的多余油脂，从而加固唇妆。

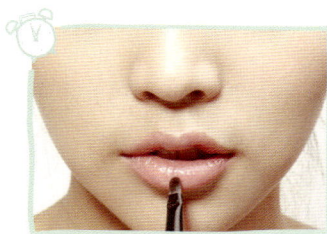

4. 再一次重复涂抹唇膏，将唇刷竖起来，顺着唇纹纵向涂抹，使颜色充分埋入纹理中，着色更均匀。

POINTS 小提示

当嘴角显得黯沉的时候，可以通过遮瑕提亮唇色，用比肤色浅一些的遮瑕笔呈圆弧形涂抹嘴角周围，用指腹由外向内将遮瑕液涂匀，再涂唇膏就不会显得嘴角的唇色黯沉了。

修饰偏薄的唇形

将整体的唇部轮廓向外扩出 1 毫米，利用高光与具有丰唇效果的产品打造出性感丰盈的双唇。

A. 粉色盈彩唇膏
B. 透明丰盈唇彩
C. 粉色系双头唇线笔

1. 用唇线笔从嘴角开始，向唇峰方向仔细地勾勒唇线，描画时要超出嘴唇边缘外 1 毫米。

2. 用唇线笔分别从两侧的嘴角开始向下唇中央描画下唇线，要超出嘴唇边缘外 1 毫米。

3. 用唇刷蘸取唇膏，将刚刚勾勒好的唇线内部填满，从嘴角开始涂起，避免堆积唇膏。

4. 用唇刷蘸取珠光感强的粉色唇膏涂抹在下嘴唇的中央部分，可以使嘴唇显得更加丰满，或者用手指将白色珠光粉轻轻点上。

5. 用无珠光感的白色眼线笔沿着图中的箭头方向描画唇峰，不要涂抹得太重，如果涂重了，可以用手指将其轻轻晕开。

6. 最后用透明唇彩或者具有丰唇效果的产品，从嘴唇中央向两侧涂抹，使唇部更加丰盈立体。

POINTS 小提示

修饰偏薄的上唇时，用唇线笔描画唇峰至嘴角的上唇轮廓，嘴角线条向外侧延长描出 2 毫米，下唇线与延长后的上唇线衔接。用纸巾轻按嘴角，消除唇线处的油脂，然后再涂抹唇膏，避免嘴角唇线脱色。

修饰唇色偏深的厚唇

先用遮瑕品将原本的唇色遮盖住，模糊边界，在唇部边缘内侧勾勒颜色较深的唇线。

1. 用化妆海绵蘸取与肤色相同颜色的粉底液或遮瑕液轻拍在整个唇部，将原本的唇色遮盖住。

2. 用深色的唇线笔或用唇刷蘸取深色系的唇膏，从嘴角向中央沿着嘴唇边缘内侧勾勒细细的上唇线。

3. 用同样的唇线笔或用唇刷蘸取与上一步同样颜色的唇膏，沿着下唇的边缘，向内侧描画出粗细约为1毫米的唇线。

4. 用唇刷蘸取米色唇膏或唇彩涂抹在整个唇部，不要超出刚刚勾勒好的唇线，把交界线处理均匀，嘴角处也要仔细调整。

POINTS 小提示

上唇或下唇偏薄的话，用自然色唇线笔勾勒，贴着唇缘的外侧勾画，自然扩张；上、下唇偏厚时，先用遮瑕膏修饰轮廓，再用深一些的唇线笔沿唇缘内侧描，收敛唇形。

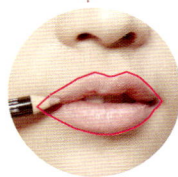

颜色对比提升唇部平衡感

对于上唇看起来不够凸出的唇形，在上唇涂抹比下唇鲜艳一些的颜色，可以使上唇看起来更加饱满。

1. 在涂抹唇膏前，用粉扑在唇部按压少量的粉底，消除原本的唇色，也可以防止脱妆。

2. 上唇用粉红色唇膏从嘴角向唇峰方向涂抹均匀。

3. 下唇涂抹比上唇色自然一些的驼色唇膏，中央处重叠涂抹，营造立体感，通过上下唇色的差异获得平衡感。

7分钟画完最美裸妆

如何利用唇妆打造出如自身红润般的双唇，提升健康气色？

橘色与樱桃色唇膏的重叠涂抹
呈现出自然的血色双唇

在打造自然的裸妆时，搭配血色感裸唇可以提升健康气色。
先用橘色与樱桃色唇膏涂抹出红润的唇色，然后用透明感唇彩增添立体感。

浸透血色的极美健康裸唇

用橘色与樱桃色打造自然感血色双唇。
在透明感中加入血色感，使气色更加健康。

1. 涂抹唇膏前，将润唇膏均匀地涂抹在唇部，滋润唇部肌肤，避免由于干燥导致的起皮状况。

2. 用唇刷蘸取淡淡的橘色唇膏，涂抹于双唇，以遮盖原有的唇色。

3. 用纸巾轻轻按压唇部两次，拭去唇部表面多余油脂，使唇部肌肤获得清爽感，使唇色可以更加持久亮丽。

4. 用唇刷在唇部中央部位涂抹樱桃色唇膏，均匀血色，增添可爱感。

5. 在嘴唇凸起来的部位涂抹透明色唇彩，提升立体感。

POINTS
小提示

可以先用与肤色融合度较高的驼色唇蜜涂抹整个唇部，然后只在下唇的中央涂紫红色唇彩，下侧不要超过唇部边缘，利用双色渐变营造出具有立体感的自然血色双唇。

7分钟画完最美裸妆

在自然妆容下，如何通过唇妆在散发魅力的同时又不显得过于夸张？

选择浅色系的唇膏
营造弹性十足的质感

自然妆容可以将重点放在提升唇部质感上，
通过高光粉、润唇膏等产品使粉嫩的双唇略显厚重且富有弹性。

水润丰盈的少女粉嫩唇妆

利用高光粉与唇线突显唇峰，强调丰润感。
重叠涂抹润唇膏表现出双唇的弹性质感。

1. 用化妆海绵蘸取适量的遮瑕膏，在上嘴唇的唇峰上轻轻拍打，淡化唇峰明显的线条，使嘴唇看起来更加圆润。

2. 用小号修容刷蘸取带有珠光感的高光粉轻轻刷在上唇的唇峰部位，并从下唇中部向嘴角方向涂抹，使嘴唇更加丰润，嘴角更上翘。

3. 用接近唇色的唇线笔从唇峰开始向嘴角勾勒出上唇线，使上嘴唇的唇峰稍稍带有圆润感。

4. 将唇刷薄薄地贴合在嘴唇上，从嘴唇中间向两侧，将粉色唇膏涂抹在整个嘴唇上。

5. 用唇刷蘸取少量的润唇膏，从中间向两侧重叠涂抹在嘴唇上，营造出水润饱满的感觉。

POINTS 小提示

遮盖住唇峰的线条后，用化妆海绵上剩余的遮瑕膏涂抹在整个嘴唇上，从下嘴角向下唇中间涂抹，淡化嘴角分明的棱角，更加突出嘴唇中间的丰盈圆润感觉。

7分钟画完最美裸妆

如今渐变唇妆当道，怎样才能打造出自然又时尚的渐变唇色？

有层次地涂抹唇膏
用唇彩使颜色自然过渡

将自身的唇色遮盖后，利用唇刷将唇膏由深到浅地涂抹，
通过点涂的方式从嘴唇内侧开始将颜色自然过渡，时尚感瞬间加倍。

层次分明的樱桃渐变蜜唇

隐藏原本唇色是打造渐变唇的重要步骤。
上下唇线 3 毫米以内的部分不要涂抹颜色。

1. 用手指蘸取与肤色相同的遮瑕膏轻轻打在唇部，遮盖原有唇色，底色亮一些，唇妆会更有层次感。

2. 用唇刷蘸取少量粉色唇膏，在下嘴唇内侧横向涂抹，然后慢慢地向外侧涂抹，涂抹出层次感，下唇线 3 毫米以内不要涂抹。

3. 用唇刷将粉色唇膏涂抹在上嘴唇内侧，先横向涂抹再慢慢向外侧涂抹，与下唇相同，上唇线 3 毫米以内的部分不要涂抹上唇膏。

4. 用淡粉色的唇彩从嘴唇内侧向外侧轻轻点余，使唇膏颜色自然过渡。

5. 用透明唇彩重点点涂在上下唇中部，强调饱满感。

POINTS 小提示

选择与唇色同色系的腮红颜色，令肤色与唇色自然融合，增加亲和力。

上唇妆前涂抹丰唇油，提供唇部肌肤充盈水分，填充干燥细纹，同时具有高光效果。

将高光粉从额头中部开始刷向鼻头，利用光影效果强调出脸部轮廓，提升立体感。

在外出约会的时候，什么颜色的唇膏可以更加惹人喜爱？

粉色是约会妆的最佳选择
粉嫩的双唇大大增加了甜美感

饱满的唇色是打造粉唇的重点，先勾勒唇线再用唇膏填充颜色，通过细节修饰使唇妆更加清致，鲜艳的粉色成为妆容的主角，营造出浪漫气息。

精巧的浪漫粉红双唇

隐藏原本唇色是打造渐变唇的重要步骤。
上下唇线3毫米以内的部分不要涂抹颜色。

1. 用遮瑕刷将与肤色相近的粉底或遮瑕膏涂抹在唇部，将原来的唇线完全地遮盖住。

2. 用唇刷蘸取适量的粉色唇膏或与要涂抹的粉色唇膏颜色相同的唇线笔，从嘴角向唇峰方向画上唇线，不要过于强调唇峰，要画得自然一些。

3. 下唇线用与上一步相同颜色的唇膏或唇线笔，从嘴角开始向下唇中央部分勾勒唇线。要仔细地勾勒唇线，提升唇妆精致度，防止唇部脱妆。

4. 将嘴微微张开，仔细地将上下唇线连接在一起。

5. 用唇刷将粉色唇膏涂抹整个唇部，嘴角也要仔细地填充，使唇色饱满。

POINTS 小提示

用修容刷蘸取适量的唇部专用遮瑕膏，细细地涂抹在嘴唇外的轮廓上，将涂抹出嘴唇轮廓外的唇膏与黯沉的部位遮盖住，然后用手指将遮瑕膏均匀地晕染开，衬托出清晰的唇形。

从脸颊中央开始
画圈涂抹珊瑚色
腮红，沿着脸部
轮廓晕染腮红，
强调脸部轮廓。

用驼色眼影在上、
下眼睑进行打底，
然后用棕色眼影
局部晕染，增加
深邃感。

问与答 [Q&A]

画唇妆会遇到……

Q1

涂完唇膏后，唇纹看起来更加明显，唇色更加黯淡怎么办？

A 妆前利用润唇膏滋润肌肤，并用唇刷上妆。有色唇膏的质地一般都偏干，直接用唇膏涂抹很容易形成唇纹，并使唇色看起来更黯。

1. 在涂抹有色唇膏前，先用含维生素E及防晒成分的润唇膏进行护理，配合唇部按摩促进吸收。

2. 由于有色唇膏偏干，最好使用唇刷进行上妆，补妆时要先将残会的唇膏擦去，否则重新涂上唇膏，唇纹就容易更加明显。

Q2

用唇线扩大偏薄的唇形后，觉得唇形线条不协调怎么办？

A 根据自身上下唇的薄厚程度调整画法。无论是扩大唇形还是缩小唇形，最为重要的是上下唇要保持平衡。

1. 在自身的唇峰微微偏上的位置描画新的轮廓线，再向两侧描画，突出唇峰的饱满感。

2. 下唇线沿着自身唇线外轮廓1～2毫米勾勒。厚唇可以遮盖自身唇色后，再向内收缩描画。

Q3

如何解决涂抹浅色系唇膏后产生的不均匀色块？

上妆前用润唇膏充分滋润唇部，使唇部肌肤更加平滑，这样可以避免唇膏堆积在唇纹中，形成不均匀的色痕，然后用丰唇底霜修饰唇色，再涂上浅色唇膏，就能提升显色度，营造出丰润的嘟嘟唇。

A 涂唇膏前修饰唇色，使后续唇膏充分展现出自然均匀的色泽。
打造裸妆时会使用浅粉色等偏裸色的唇膏或唇蜜，但浅色系容易与自身唇色不融合，出现涂抹不匀或脱色问题。

第七章

裸妆

7 分钟画完常用

时尚起来很简单

◎脸部就如同一张画布，利用多样的手法搭配加入不同的色彩，演绎出独具特色的妆容氛围。

◎韩式彩妆主要呈现出了干净的妆面。

◎从清纯到性感，从可爱到冷艳，无论是去约会还是去夜店，韩式彩妆都可以展现出别样的风采，找到属于自己的风格，变身为小美女。

7分钟画完最美裸妆

柔和妆感变身韩剧女主人公
强调出眼部的柔和感

A B C
D E F
G

USE

A. 淡淡珠光感深棕色眼影
B. 珠光感金驼色眼影
C. 黑色眼线液笔
D. 铅笔式棕色眉笔
E. 浓密卷翘睫毛膏
F. 无珠光感婴儿粉色腮红
G. 淡粉色唇膏

POINTS 小提示

因为眼影色比较淡，在眼线产品上可以选用眼线液来提升眼部轮廓的清晰度，而如果完全展现温柔眼妆，可以使用效果更佳柔和的眼线笔。

眼角部分用驼色眼影营造出柔柔的光泽感，而在眼尾加入棕色，突出眼部立体感，上眼睑的驼色颜色要浅，通过对比，明确地凸显上眼皮的阴影效果，搭配淡淡的腮红色与唇色，打造出令人怜惜的女人味妆容。

1. 将深棕色眼影淡淡地晕染在眼尾与眼窝部位，在除了双眼皮线以外的部分呈"＞"形涂抹。

2. 将深棕色眼影涂在下眼尾，与步骤1中的眼影自然地连接起来，颜色要比步骤1中的色调深一些。

3. 将带有金色珠光感的驼色眼影呈"＞"形涂在内眼角部位，使眼睛看起来更加开阔。

4. 用眼影刷将珠光感驼色眼影窄幅地涂抹在双眼皮褶皱处，将步骤1中空出的位置填满，颜色要浅。

5. 勾勒上眼线，眼尾处稍稍向外拉长8毫米左右，不要画下眼线，可以使妆容看起来更加干净利落。

6. 将二睫毛夹卷后，用睫毛膏刷涂上睫毛，涂出根根分明的感觉，不要多次地重复涂抹。

7. 用与自身眉色相近的眉笔勾勒出柔和的双眉，眉毛弧度不要太大。

8. 用腮红刷蘸取粉色腮红，呈倒三角形涂抹，眼睛下面要涂得宽一些，越往下越窄，表现少女韵味。

9. 用唇刷将淡粉色唇膏涂抹在唇部，涂抹亮色唇膏时使用唇刷可以使刷毛刷到唇部角质，减少唇纹。

7分钟画完最美裸妆

营造楚楚动人的粉色泪眼
清纯又有点可爱的眼眸

A B C

D E F

G H I

A. 无珠光感象牙色眼影
B. 淡淡珠光感珊瑚色眼影
C. 淡淡珠光感浅棕色眼影
D. 水蜜桃色光泽眼影膏
E. 黑色眼线液笔
F. 铅笔式棕色眉笔
G. 浓密卷翘睫毛膏
H. 无珠光感玫瑰色腮红
I. 透明唇彩

POINTS
小提示

当眼部看起来黯沉时，会给人疲倦感，这时可以用象牙色眼影提亮眼周来解决。虽然黑色眼线可以使眼部轮廓更加清晰，而使用棕色眼线可以令眼睛看起来更加温柔。

约会时没有比柔弱的朦胧泪眼更让人怜惜的了，将粉色眼影涂抹在下眼睑，用粉色光泽制造出泪眼效果，在苹果肌加入玫瑰色，通过腮红重点强调出清纯感与可爱感，使妆容更具"诱惑力"。

1. 将亚光感象牙色眼影大面积地涂抹在整个上眼睑，利用象牙色系眼影，最大限度地表现出清纯感。

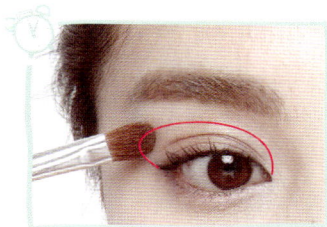

2. 将带有淡淡珠光感的珊瑚色眼影晕染在眼窝以下的部位，从中央向左右两侧来回涂抹。

3. 用眼影刷将带有淡淡珠光感的浅棕色眼影窄幅地涂抹在双眼皮褶皱部分与下眼尾部分，颜色不要太深。

4. 将带有淡淡珠光感的淡粉色眼影膏从下眼角开始涂至靠近眼尾的1/3处，颜色越来越浅。

5. 仔细地勾勒上眼线，眼尾拉长5毫米左右，如果想要更加温柔的感觉，可以使用棕色的眼线笔。

6. 用睫毛夹将睫毛夹卷后，用睫毛膏仔细刷涂上下睫毛。

7. 用眉笔将眉毛间的空白部分填补后，给整体眉色加一些渐变感，越到眉尾部分，颜色越浓。

8. 将无珠光感的玫瑰色腮红从眼部下方开始画圈涂抹在颧骨上，然后再在靠颧骨外侧的部位涂抹。

9. 最后用透明水润唇彩涂抹整个唇部，淡淡的唇色可以将视线集中在眼睛与腮红上。

7分钟画完最美裸妆

属于夏天的清爽约会妆
用明朗黄色提升好感度

A B C

D E F

USE

A. 淡淡珠光感米色眼影
B. 淡淡珠光感金黄色眼影
C. 黑色眼线笔
D. 纤长型防水睫毛膏
E. 淡淡珠光感桃色腮红
F. 珊瑚色唇膏

POINTS
小提示

因为眼影颜色较浅，并带有珠光感，眼睛可能看起来显得有些肿，可以在眉头下方柔和地加入无珠光感的棕色眼影，提升眼部的深邃感，颜色不要太深。

明朗的黄色无疑是属于夏天的颜色,干净整洁的妆面是重点,在上眼睑加入明显的黄色眼影,用纤细的黑色眼线抓住眼部轮廓感,然后在脸颊与嘴唇加入橘色与珊瑚色,令妆容看起来更具好感度。

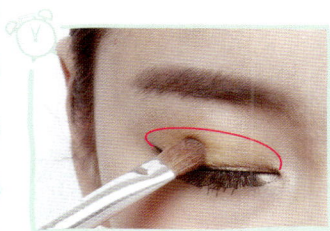

1. 用眼影刷将带有淡淡珠光感的黄色眼影沿着睫毛根部晕染在上眼睑双眼皮的褶皱部分。

2. 然后用眼影刷在靠近眉头下方的上眼皮涂抹珠光感米色眼影,提亮晕染,使米色眼影与黄色眼影自然融合。

3. 用眼影刷在下眼睑的卧蚕部分涂抹珠光感米色眼影,提亮眼眸。

4. 用黑色眼线笔沿着睫毛根部从眼角开始向眼尾勾勒鲜明的细眼线,眼睛中部可以画得稍稍粗一点。

5. 然后用眼线笔仔细地填补上眼睑的黏膜部位,内眼角的黏膜部位也要画,使眼部轮廓更加清晰。

6. 将上睫毛夹卷后,用睫毛膏仔细地刷涂上睫毛,如果想让妆容看起来更加清爽,可以不刷下睫毛。

7. 用与自身眉色相近的眉笔勾勒眉毛,眉头部分的颜色要浅,整体眉毛的弧度不要过大。

8. 用腮红刷在脸颊的颧骨部位呈心形涂抹桃色腮红,多涂抹几次,明亮的腮红可以提升好感度。

9. 用唇刷将珊瑚色唇膏仔细地涂抹在整个唇部,然后涂抹透明唇彩,使唇部更具丰润感与光泽感。

7分钟画完最美裸妆

樱花般浪漫的粉色妆容
散发可爱的少女感

USE

A. 淡淡珠光感淡粉色眼影
B. 淡淡珠光感米色眼影
C. 淡淡珠光感象白色眼影
D. 黑色眼线笔
E. 纤长型防水睫毛膏
F. 无珠光感婴儿粉色腮红
G. 无珠光感浅粉色唇膏

POINTS
小提示

涂抹下眼睑的时候，可以在粉色眼影中混合一些棕橘色眼影，有重点地小幅度点在眼尾处，使眼眸更具重量，并与米色自然地搭配。

粉色是浪漫的代名词,可以最大限度地展现少女气质,但粉色比较容易使眼睛看起来有点肿,利用米色眼影收紧眼部轮廓,并用渐变感提升眼影层次,搭配清纯淡淡粉唇,营造出浪漫氛围。

1. 用眼影刷将粉色眼影涂抹在上眼睑的双眼皮褶皱部分,从眼睛中央开始渐渐加深眼影色,呈现自然的渐变感。

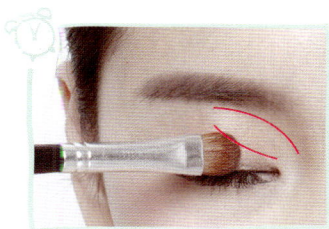

2. 用眼影刷将带有淡淡珠光感的米色眼影从眉头下方开始向斜下方晕染,收紧轮廓,呈现自然的阴影感。

3. 将粉色眼影轻轻地点涂在下眼睑的眼尾部分,从眼部中央开始涂抹,越到眼尾越粗,与上眼睑的眼影融合。

4. 用眼影刷将珠光感象牙色眼影涂抹在下眼角与下眼睑的卧蚕部位,从眼角开始向后涂抹,与粉色自然衔接。

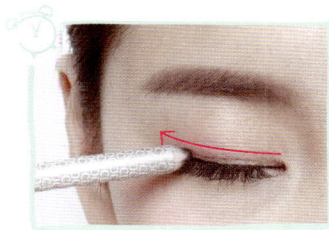

5. 用黑色眼线笔沿着睫毛根部从眼角开始向眼尾勾勒上眼线,眼尾部分不要过分地拉长。

6. 然后用黑色眼线笔轻轻地勾勒上眼角与下眼角的黏膜部位,使眼形更加明显,可以拉长眼形。

7. 用睫毛夹将睫毛夹卷后,用睫毛膏仔细地刷涂上睫毛,打造出根根分明的清爽睫毛效果。

8. 用腮红刷将粉色腮红涂抹在微笑时颧骨的最高处,转动刷头,如画圈般涂抹腮红,使腮红更加显色。

9. 用遮瑕膏将自身唇色遮住后,用唇刷将散发草莓牛奶色泽的淡粉色唇膏涂抹在唇部。

用眼影 "客串" 魅力眼线
可爱与优雅兼并的独特妆容

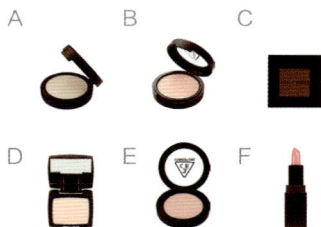

A   B   C

D   E   F

USE

A. 淡淡珠光感象牙白色眼影
B. 淡淡珠光感浅粉色眼影
C. 无珠光感深咖啡色眼影
D. 珠光感米色高光粉
E. 无珠光感婴儿粉色腮红
F. 淡粉色唇膏

POINTS
小提示

因为眼妆的重点在眼影上，所以不需要描画眼线，描画眼线反而会将眼影盖住，无法突出眼影的魅力。但如果觉得只使用眼影眼睛会显小，可以用棕色眼线笔填补上眼睑的黏膜部位，提升眼部轮廓的清晰度。

用深咖啡色眼影在眼尾拉上扬起的线条，线条的长度与颜色的浓度决定了整体感觉，游走在强烈与优雅之间，与可爱的粉色融合，散发让人不得不爱上的独特魅力。

1. 用眼影刷将带有珠光感的象牙白色眼影涂抹在整个上眼睑，从眼角部分开始向后晕染，涂出渐变感。

2. 用眼影刷沿着上睫毛根部将带有淡淡珠光感的浅粉色眼影窄幅地涂在双眼皮褶皱部位。

3. 用眼影刷将深咖啡色眼影如画眼线般从眼部中央开始向眼尾描画出线条，眼尾稍稍拉长并上扬。

4. 然后用眼影刷上余下的深咖啡色眼影轻轻地点在眼尾部分，与上眼睑的眼影连起来。

5. 用眼影刷将带有珠光感象牙白色眼影涂抹在下眼睑，眼角部分加重颜色，提亮眼角。

6. 用睫毛夹将睫毛夹卷后，用睫毛膏轻轻地刷涂上睫毛，然后用刷头的顶部刷涂下睫毛，突出眼部轮廓。

7. 用修容刷蘸取适量的珠光感米色高光粉，从眼角下方开始呈放射状向脸颊涂抹，范围不要过大。

8. 用腮红刷将无珠光感的浅粉色腮红轻轻地涂抹在脸颊中央，为了呈现清纯感，腮红颜色不要过深。

9. 最后用唇刷将浅粉色唇膏仔细地涂抹在整个唇部，然后将透明唇彩点在唇部中央，提升饱满感。

用蓝色表现纯净灵动质感
感觉自己萌萌哒

A B C

D E F

G H

USE

A. 淡淡珠光感米色眼影
B. 淡淡珠光感浅棕色眼影
C. 蓝色系五色眼影盘
D. 纤长防水睫毛膏
E. 铅笔式棕色眉笔
F. 珠光感白色眼影
G. 淡淡珠光感米色高光粉
H. 粉红色腮红粉

POINTS
小提示

在下眼睑添加带有珠光感的紫色眼线，与蓝色相互融合，可以展现出与众不同的独特感觉，也可以减弱蓝色给人的冷感，使粉色腮红与眼妆更加搭配。

将蓝色眼影涂抹在下眼睑，用纯净清爽的眼眸散发可爱的魅力；上眼睑简单地用棕色点缀，塑造根根分明的纤长睫毛，用珠光白色呈现灵动的妆感，打造出最适合外出春游的萌萌妆容。

1. 用眼影刷将带有淡淡珠光感的米色眼影涂抹在整个上眼睑打底，从眼角开始向眼尾涂抹。

2. 用眼影刷将浅棕色眼影沿着睫毛根部较窄幅地进行涂抹，分别从眼睛两侧开始向中间涂抹，颜色不要太深。

3. 用眼影刷将眼影涂在下眼睑，沿着睫毛根部从下眼角开始向眼尾涂抹，不要涂得太宽。

4. 用眼影刷将珠光感白色眼影加入在下眼角部分，可以使蓝色眼影看起来更加自然。

5. 然后用扁头眼影刷将珠光感白色眼影涂抹在下眼睑的黏膜部位，使眼妆看起来更加灵动。

6. 将上睫毛夹卷后，用纤长型睫毛膏仔细地涂抹上睫毛，如果想要更加干净的妆面，可以不涂下睫毛。

7. 眉毛用颜色较深的棕色眉笔描画，不要将眉毛画得过宽，自然地给妆容增添重量感。

8. 用腮红刷将粉色腮红刷涂在脸颊的中央部位，如图中的箭头所示，轻轻地刷涂3～4次。

9. 在额头、眼角下方、鼻尖和唇缘上方加入带有微微珠光感的高光粉，提升脸部的立体感。

7分钟画完最美裸妆

韩范儿十足的优雅妆容
散发光泽的棕色眼线

A B C

D E F

G H

USE

A. 淡淡珠光感象牙白色眼影
B. 珠光感浅咖啡色眼影
C. 无珠光感浅棕色眼影
D. 珠光感棕色眼线笔
E. 纤长型防水睫毛膏
F. 无珠光感荧光粉腮红
G. 粉红色唇膏
H. 浅米色唇膏

POINTS
小提示

如果上眼睑的肉比较多，步骤1中使用的珠光白色眼影换成带有淡淡珠光感的米色眼影；而如果想要更加鲜明的眼部轮廓，比起眼线笔，更适合使用棕色眼线膏。

如果觉得黑色眼线有些生硬，不妨使用柔和的棕色眼线，用珍珠白色与浅咖啡色眼影简单地做出阴影效果，用含有珠光粒子的棕色眼线笔勾勒线条，温柔光泽将充满女人味的淑女气质展现得淋漓尽致。

1. 用眼影刷将带有淡淡珠光感的珍珠白色眼影涂抹在整个上眼睑，眉骨部分也要涂到，颜色不要过浓。

2. 用眼影刷将浅咖啡色眼影涂抹至上眼睑一半部分，睁开眼可以看见3毫米左右，轻轻刷涂3～4遍即可。

3. 然后用眼影刷将浅咖啡色较宽幅地涂抹在整个下眼睑。

4. 用眼影刷将色感较低的棕色眼影窄幅地涂抹在上眼睑，宽度稍稍宽于双眼皮褶皱部分。

5. 用黑色眼线笔填满黏膜部位后，用带有珠光感的棕色眼线笔沿睫毛根部勾勒上眼线，眼尾稍稍拉长并上扬。

6. 然后避开下眼睑黏膜部位，用棕色眼线笔勾勒下眼线，从下眼尾勾勒至黑眼球中央部位。

7. 用睫毛夹将上睫毛夹卷后，用睫毛膏仔细地刷涂上睫毛，下睫毛也要轻轻地刷涂几下。

8. 将粉色腮红从脸颊外侧刷涂至脸颊中央，将腮红重点放在外侧，用腮红刷呈画圈般刷涂，越往下越窄。

9. 将粉红色唇膏大致涂满唇膏后，用唇刷蘸取米色唇膏从嘴唇轮廓线开始向内侧涂抹，将两种颜色自然融合。

如精灵般的薄荷绿眼线
夏日的一道靓丽风景线

A B C

D E F

G

USE

A. 淡淡珠光感米色眼影
B. 淡淡珠光感浅棕色眼影
C. 薄荷绿色眼线笔
D. 纤长型防水睫毛膏
E. 无珠光荧光粉色腮红
F. 棕色立体修容粉
G. 荧光粉色唇彩

POINTS
小提示

呈直线勾勒眉毛的外部轮廓，使整体呈现出粗粗的形态，使用并不夸张的灰棕色眉笔，打造出可爱善良的一字形童颜双眉，营造出利索、优雅的妆容印象。

在闷热的夏天，薄荷绿色就如冰块儿给人清凉的感觉，比起大面积的晕染，只在眼尾部分作为眼线进行点缀，更可以将薄荷绿的特点展现出来，搭配粉扑扑的脸颊与嘴唇，就像可爱的精灵一样惹人喜爱。

1. 用眼影刷将带有淡淡珠光感的米色眼影大面积地涂抹整个上眼睑，从眼角开始向眼尾轻轻地刷涂。

2. 用眼影刷将带有淡淡珠光感的浅棕色眼影晕染在双眼皮褶皱部分，颜色不要过于浓重。

3. 用清爽的薄荷绿色眼线笔从眼睛中央开始向眼尾勾勒上眼线，眼尾部分上扬，打造出俏皮感。

4. 用眼影刷将带有淡淡珠光感的米色眼影涂抹在整个下眼睑，提亮眼眸。

5. 将上睫毛夹卷后，用睫毛膏刷头的顶端轻轻地刷涂上下眼睑，涂出根根分明的效果。

6. 用腮红刷将亮粉色腮红晕染在脸颊中央，如画圈般转动刷头，涂出明显的腮红色，营造出粉嫩双颊。

7. 涂完腮红后，用指腹轻轻地拍打腮红区域的边缘处，消除明显的轮廓线，与周围肤色自然融合。

8. 用修容刷蘸取适量的修容粉，轻轻地刷涂鼻梁两侧，使脸部轮廓看起来更加立体。

9. 用荧光粉色唇彩从嘴唇内侧开始向外涂抹，颜色越来越浅，打造出可爱的粉色渐变唇。

7分钟画完最美裸妆

谁都想学会的魅力小烟熏
变身最受欢迎的派对女王

A B C

D E F

G H

USE

A. 珠光感香槟色眼影
B. 珠光感棕色眼影
C. 无珠光感自然棕色眼影
D. 珠光感象牙白色眼影
E. 黑色眼线液笔
F. 铅笔式棕色眉笔
G. 无珠光感荧光粉色腮红
H. 粉色唇彩

POINTS
小提示

当眼部显得黯沉的时候，会给人疲倦的感觉，这时可以用象牙色眼影提亮眼周来解决。虽然黑色眼线可以使眼部轮廓更加清晰，而使用棕色眼线可以令眼睛看起来更加温柔。

在热闹的派对上，心中总会想要成为众人瞩目的焦点，用若隐若现的巧克力色泽与稍稍晕染开的眼线塑造出富有妩媚气质的小烟熏妆容，眼影中强烈的珠光感尽显双眸风采，让你瞬间成为派对的中心。

1. 将带珠光感香槟色眼影眼影大面积地涂在整个上眼睑打底，颜色不要太浓，轻刷一次涂出色感即可。

2. 将珠光感棕色眼影较窄幅地涂在上睫毛根部，然后用眼影刷在双眼皮线处进行晕染，做出渐变感。

3. 然后将无珠光感的浅棕色眼影涂抹在下眼睑打底，从眼尾开始涂抹，并在靠近眼角的地方晕染出渐变感。

4. 将带有珠光感的乳白色眼影涂在下眼角提亮，从眼角开始涂抹至黑眼球外侧，在尾部轻轻晕染。

5. 用眼线膏或眼线液细细勾勒上眼线，可以将眼线画得稍稍粗一点，颜色重一点。

6. 上眼线的眼尾处顺着眼形稍稍拉长，并晕染眼线，做出小烟熏的妆感。

7. 用眉笔将眉毛间的空白部分填补后，给整体眉色加一些渐变感，越到眉尾部分颜色越浓。

8. 将粉色腮红与棕色修容粉进行混合，刷涂脸颊，并用刷头上的余粉轻扫颧骨处，使妆容更加自然。

9. 以唇部中央为重点，将粉红色唇彩涂抹在唇部，从唇部中央开始向外侧涂抹，越到外侧颜色越浅。

POINTS
小提示

混合腮红产品的时候，棕色的比例较大一些，可以提升脸部的丰润感。

7分钟画完最美裸妆

神秘感十足的梦幻紫罗兰
从眼底绽放紫色光芒

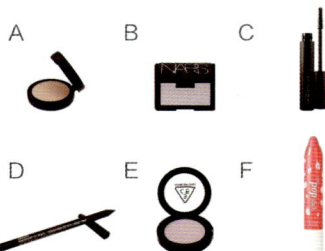

A B C

D E F

A. 淡淡珠光感米色黯影
B. 淡淡珠光感浅紫色眼影
C. 铅笔式黑色眼线笔
D. 纤长型防水睫毛膏
E. 无珠光感薰衣草色腮红
F. 粉色唇膏棒

POINTS
小提示

眼线的线条感不要过强，
虽然是以眼线为主的眼
妆，但是是以晕染的手法
涂抹，以使眼线更加柔和，
减弱犀利感，呈现出更加
高傲的印象。

紫色是一个比较难驾驭的颜色，以眼线为重点，将紫色轻轻地点缀在下眼睑，呈现出既具神秘感又富有女性魅力的梦幻妆容，与厚厚的皮草相得益彰，是个适合冬天的妆容。

1. 用眼影刷将带有淡淡珠光感的米色眼影大面积地涂抹在上眼睑进行打底，用隐隐的光泽提亮眼眸。

2. 然后再将珠光感米色眼影涂抹在下眼角，晕染出明显的色泽，与上眼睑相互照应。

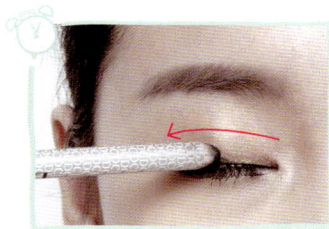

3. 用黑色眼线笔沿着睫毛根部从眼角开始向眼尾方向勾勒出纤细的上眼线，以填补睫毛间隙的感觉勾勒。

4. 从眼部中央开始加粗上眼线，眼尾部分拉长并呈现出下垂感，营造出上睫毛被延长的感觉。

5. 以上眼线眼尾为基准，用黑色眼线笔填补下眼尾部分，轻轻向前晕染，晕染出眼影的感觉。

6. 用眼影刷将带有淡淡珠光感的淡紫色眼影点涂在下眼睑，要与下眼线自然融合，用刷头轻轻向眼尾方向晕染。

7. 将睫毛夹卷后，用睫毛膏仔细地刷涂上睫毛，刷出根根分明的感觉。

8. 用腮红刷将薰衣草色腮红大面积地涂抹在脸颊部分，转动刷头，边画圈边涂抹腮红。

9. 用遮瑕膏遮住自身唇色后，将粉色唇膏从嘴唇内侧开始向外侧涂抹，颜色越来越浅，营造出自然的渐变感。

159

清纯又性感的红色诱惑
用红色渲染出的个性魅力

A　B　C

D　E　F

G　H

USE

A. 淡淡珠光感乳白色眼影
B. 淡淡珠光感珊瑚色眼影
C. 酒红色眼影
D. 眼尾加长型假睫毛
E. 浓密卷翘睫毛膏
F. 铅笔式棕色眉笔
G. 粉红色液体唇彩
H. 双色腮红盘

POINTS
小提示

在妆容中使用红色时，底妆要洁净一些，如果觉得肌肤看起来有些油光，则扑上一些透明散粉；如果觉得不够水润，则可以使用喷雾补水。然后将带有金色珠光感的高光粉涂在额头、鼻梁、眼部下方的脸颊处，提升脸部印象。

红色带有的强烈印象，塑造出清纯中带有性感的独特妆容。将红色眼影淡淡地晕染开，利用假睫毛拉长眼眸，由于妆容的清纯感，即使使用红色也不会给人过于夸张的感觉。

1. 将乳白色眼影与珊瑚色眼影涂抹在整个上眼睑打底，吸去眼睑上油分的同时使后续眼影更显色。

2. 将红色眼影涂在上眼睑，宽度约为双眼皮褶皱的1/3，左右小幅度移动笔刷将眼影均匀地涂抹。

3. 将打底时使用的珊瑚色眼影涂抹在下眼睑的卧蚕部位，从下眼角开始涂至眼尾。

4. 将红色眼影加在眼角与眼尾部分，眼角处轻轻点一下即可，眼尾处以自然拉出眼尾的感觉涂抹。

5. 将上睫毛夹卷后，从距离眼角1/3处开始粘贴眼尾加长型假睫毛，加长眼尾，使妆容更加性感。

6. 用睫毛膏刷涂睫毛，使假睫毛看起来更加自然，眼角部分的睫毛要仔细刷涂，与假睫毛自然融合，下睫毛只涂眼部中央的睫毛即可。

7. 将眉部的整体轮廓勾勒完之后，用眉笔加重眉头处的颜色，也稍稍画宽一些，使眉毛整体呈现出越来越纤细的效果。

8. 将粉色腮红与珊瑚色腮红进行混合，用腮红刷涂颧骨部位，然后在额头中央、鼻尖部分加入高光。

9. 将粉红色液体唇彩涂在唇上，用手指从唇部的中央开始晕染开，最后再重复涂抹唇部中央。

7分钟画完最美裸妆

极具好感度的讨喜妆容
日常生活中的万能妆容

A   B   C

D   E   F

G   H   I

USE

A. 淡淡珠光感米色眼影
B. 淡淡珠光感浅棕色眼影
C. 无珠光感棕色眼影
D. 无珠光感浓郁深棕色眼影
E. 黑色眼线液笔
F. 浓密卷翘睫毛膏
G. 眼尾加长型假睫毛
H. 粉色系四宫格腮红盘
I. 淡粉色唇膏

POINTS
小提示

将珠光白色眼影点涂在内眼角就如同开了内眼角一般，使眼睛看起来更大更明亮，用眼影刷将白色眼影分别向上下眼睑方向晕染，涂出自然的感觉。

整个上眼睑用散发光泽的米色进行覆盖，利用深沉的棕色色调营造出温柔中又具有深度的印象，与粉色组合出可爱感，再用加长的眼尾睫毛提升女性气质，完成满足度极高的端庄优雅妆容。

1. 将带有淡淡珠光感的米色眼影薄薄地晕染在上眼睑，从眼角开始涂抹到眼部中央就可以了。

2. 用眼影刷将浅棕色眼影沿着睫毛根部窄幅地涂抹在上眼睑，从眼部两侧开始向中间晕染。

3. 将色彩浓度较低的棕色眼影涂抹在眉峰下方，要使阴影与米色眼影自然地融合，用晕染刷将眼影轻轻延展开。

4. 将米色眼影涂抹在整个下眼睑进行打底后，将步骤2中使用的浅棕色眼影窄幅地涂抹在眼部中央，宽度比黑眼球稍宽一点，提升立体感。

5. 利用接近于黑色的亚光棕色眼影画出柔和的眼线效果，从眼角开始描画，眼尾处稍稍拉长并上扬。

6. 将上睫毛夹卷后，用睫毛膏有重点地向太阳穴方向刷涂眼睛中部至眼尾的睫毛，然后粘贴眼尾加长型假睫毛，不要选择过于浓密的假睫毛。

7. 用黑色眼线液将假睫毛与自身睫毛间的空白区域涂满，黏膜部分用黑色眼线笔填充。

8. 将薰衣草色腮红与粉色腮红混合，用腮红刷呈月牙形刷涂在脸颊中央，腮红外侧不要超过眉尾。

9. 用唇刷将淡粉色唇膏均匀地涂满整个唇部，然后用透明唇彩点在中央，营造饱满感与光泽感。

7分钟画完最美裸妆

性感犀利的猫眼妆容
一改下垂眼的慵懒感

A B C

D E F

USE

A. 淡淡珠光感米色眼影
B. 淡淡珠光感灰黑色眼影
C. 黑色眼线液笔
D. 浓密卷翘睫毛膏
E. 无珠光感杏色腮红
F. 无珠光感珊瑚色唇膏

POINTS
小提示

比起平时常使用的圆形粉色腮红，有珊瑚感色泽的线形杏色腮红可以起到收紧脸型的效果，更加适合与猫眼妆搭配，在鼻梁两侧加入一些阴影更可以提升立体感，起到画龙点睛的作用。

猫眼妆是女生提升性感魅力的不二武器，要特别强调出眼线，并将重点放在眼尾，拉长且上扬的眼线横向延长了眼部线条，不仅可以使眼神看起来更妩媚，更会通过干净利落的线条散发出犀利的都市气息。

1. 用眼影刷将灰色眼影从睫毛根部开始向上涂抹，超过双眼皮线的眼影颜色越来越浅，呈现出自然的斩变感。

2. 用眼影刷将带有淡淡珠光感的米色眼影浅浅地涂在靠近眉峰与鼻梁的上眼睑上，从眼角开始自然提亮。

3. 用黑色眼线液沿着睫毛根部勾勒上眼线，眼尾处拉长并上扬，将眼部中央到眼尾的眼线部分加粗。

4. 用手指将上眼皮提起，用黑色眼线液将睫毛间隙的空白填满，黏膜部位用眼线笔填充。

5. 为了呈现出更加鲜明的印象，用黑色眼线液描画内眼角，将内眼角的黏膜部位填满，不要画得太粗。

6. 用眼影刷将带有珠光感的米色眼影窄幅地涂抹在下眼睑的眼尾部分，从眼部中央开始涂抹至眼尾。

7. 用睫毛夹将上睫毛夹卷后，用睫毛膏刷涂上睫毛，根部呈Z字形，然后将刷头竖起来，仔细地刷涂下睫毛。

8. 用腮红刷将杏色腮红呈S形涂抹在脸颊的颧骨部分，腮红区域内侧不要超过黑眼球内侧，打造健康印象。

9. 用唇刷将珊瑚色唇膏仔细地涂满整个唇部，将唇刷竖起，将唇膏填在细纹间，消除唇部干纹。

7分钟画完最美裸妆

可爱无辜的小狗眼妆容
下垂眼形塑造善良印象

A   B   C

D   E   F

G   H   I

USE

A. 淡淡珠光感米色眼影
B. 无珠光感亮粉色眼影
C. 珠光感象牙白色眼影
D. 铅笔式黑色眼线笔
E. 眼尾浓密假睫毛
F. 自然下假睫毛
G. 无珠光感暖粉色腮红
H. 浅粉色唇膏
I. 透明唇彩

POINTS
小提示

粉色眼影可能会使眼睛看起来肿肿的，可以将深色眼影点在下眼角部位，通过提升眼妆的重量感来进行修饰。

微微下垂的眼睛会给人温柔无辜，零杀伤力的感觉，而想要给人留下楚楚动人印象，可爱的小狗眼妆是最佳选择。中间较粗、微微向下的眼线在视觉上扩大双眼，再加上纵向拉长眼睛幅度的假睫毛，更加强化了天真无邪的气质。

1. 用眼影刷将带有淡淡珠光感的米色眼影大面积地涂在上眼睑打底，塑造出柔和印象。

2. 用眼影刷将亮粉色眼影窄幅地涂抹在上眼睑的双眼皮褶皱部位，然后再从下眼尾开始轻轻晕染到黑眼球内侧。

3. 用黑色眼线笔沿着睫毛根部从眼角开始向眼尾勾勒上眼线，将中间部分的眼线加粗，眼尾要稍稍向下描画。

4. 然后用眼线笔从上一步结束的地方开始向前勾勒下眼线，勾勒到眼睛中央即可，要将眼尾的三角区涂满。

5. 选择眼尾部分较为浓密、纤长的假睫毛，顺着下垂的上眼线进行粘贴，然后用手指轻轻调整角度。

6. 选择自然的下假睫毛，修剪掉1厘米左右后，从下眼睑眼尾开始粘贴，增加眼妆的重量感。

7. 在下眼角加入珠光感象牙白色眼影，提升眼妆的明亮度，也使眼神看起来有一种无辜的感觉。

8. 用腮红刷将柔和的粉色腮红以颧骨的最高处为中心，呈画圈状刷涂，打造带有自然血色感的可爱两颊。

9. 用唇刷将淡粉色唇膏涂满整个唇部之后，以唇部中央为重点，在唇部涂抹透明唇彩，增加丰润感。

7分钟画完最美裸妆

冷感十足的棕色烟熏妆
自由的个性街头范儿

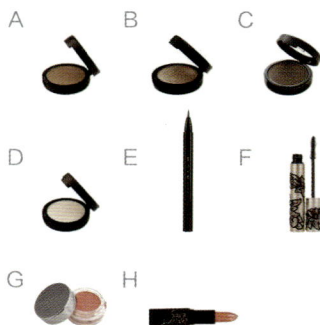

A　B　C

D　E　F

G　H

A. 无珠光感浅棕色眼影
B. 珠光感自然棕色眼影
C. 淡淡珠光感深棕色眼影
D. 淡淡珠光感象牙白色眼影
E. 黑色眼线液笔
F. 浓密卷翘睫毛膏
G. 无珠光感珊瑚色腮红膏
H. 珊瑚色唇膏

POINTS
小提示

去除掉眼底的黯沉，整个妆容才会显得更加明亮，在眼部下方用修容刷一边左右移动刷头，一边加入带有淡淡珠光感的高光粉。

将棕色眼影果敢地晕染在眼周，塑造出独具特色的棕色烟熏眼妆，晕开了的眼尾是妆容的重点，但是要把握好眼影晕染的幅度，冷傲的街头范儿与花了妆的熊猫眼只是一线之差。

1. 用眼影刷将色彩度较低的棕色眼影从眉头下方开始涂向眼角，要注意不要涂出明显的涂抹痕迹。

2. 用眼影刷将珠光感浅棕色眼影较宽幅的涂抹在上眼睑，睁开眼时能看到3毫米左右即可。

3. 用眼影刷将珠光感深棕色眼影沿着睫毛根部窄幅地涂在双眼皮褶皱部位，眼尾可以稍稍拉长并上扬。

4. 用眼影刷将珠光感浅棕色眼影窄幅地涂抹在整个下眼睑，从眼角开始涂向眼尾，涂出明显的颜色。

5. 用眼影刷将带有淡淡珠光感的象牙白色眼影点在内眼角部位。

6. 用黑色眼线液沿着睫毛根部从眼角开始向眼尾勾勒纤细的上眼线，眼线自然地在眼尾处结束。

7. 用睫毛夹将睫毛夹卷后，用浓密型睫毛膏仔细地刷涂上下睫毛，刷涂下睫毛时将刷头竖起，用其顶端刷涂。

8. 用手指将无珠光感的珊瑚色膏状腮红点在鼻梁中间的水平线与鼻尖水平线之间的脸颊部位，然后用指腹将腮红膏轻轻地晕染开。

9. 用唇刷将珊瑚色唇膏仔细地涂抹在整个唇部。

7分钟画完最美裸妆

打造洋娃娃般的大眼睛
利用假睫毛放大眼形

A B C

D E F

G H I

USE

A. 淡淡珠光感米色眼影
B. 淡淡珠光感浅棕色眼影
C. 无珠光感深棕色眼影
D. 黑色眼线液笔
E. 浓密卷翘睫毛膏
F. 眼尾加长型假睫毛
G. 单株下假睫毛
H. 双色腮红盘
I. 粉红色液体唇彩

POINTS
小提示

将珠光感白色眼影点涂在内眼角，如同开了内眼角一般，拉长了眼形。将白色眼影涂抹的范围放大，使颜色明确地显现出来，将眼影轻轻晕染开，与周围自然融合。

不用再羡慕洋娃娃的大眼睛，利用假睫毛塑造出纤长舒展的上睫毛、根根分明的下睫毛，在眼尾部位晕染棕色眼影，将重点放在眼尾部位，放大并修饰了眼形，再加上如樱桃般的粉嫩渐变唇，可爱的大眼洋娃娃妆就这样诞生了。

1. 用眼影刷将带有淡淡珠光感的米色眼影大面积地涂抹在整个上眼睑，轻轻地刷涂2～3次即可。

2. 然后用眼影刷将浅棕色眼影淡淡地涂在双眼皮褶皱处，并轻轻晕染开，使棕色与米色自然地融合。

3. 将带有淡淡珠光感的米色眼影涂在下眼睑，中间厚两边薄，强调出眼部中央的卧蚕部分，塑造可爱感。

4. 将亚光感深棕色眼影分别涂抹在上下眼尾进行强调，从黑眼球外侧开始向眼尾涂抹，在眼尾处稍稍拉长。

5. 用黑色眼线液从眼角开始顺着眼形勾勒至眼尾，眼尾处画得粗一些，并稍稍拉长。

6. 选择眼尾加长型的浓密假睫毛，从距离眼角5毫米处开始粘贴，越往后越长的假睫毛横向拉长了眼形。

7. 将单株下假睫毛从眼部中央开始向眼尾粘贴，沿黏膜部位呈一字形粘贴，眼尾处要离开黏膜部位，否则反而会使眼睛看起来更小。

8. 将粉色腮红与珊瑚色腮红进行混合，用腮红刷涂在颧骨部位，然后在额头中央、鼻尖部分加入高光。

9. 用遮瑕膏遮盖住自身唇色后，将粉色唇液从嘴唇中央开始向外涂抹，颜色由深到浅，呈现渐变感。

月夜下绽放的玫瑰女神
3 种色彩演绎的性感

A　B　C

D　E　F

G　H

USE

A. 淡淡珠光感米色眼影
B. 淡淡珠光感浅棕色眼影
C. 淡淡珠光感藏青色眼影
D. 淡淡珠光感淡紫色眼影
E. 白色珠光眼线笔
F. 黑色眼线液笔
G. 浓密卷翘睫毛膏
H. 无珠光感珊瑚粉唇膏

POINTS
小提示

如果平时唇膏容易掉色，第一次涂完唇膏后轻轻含住纸巾，擦掉唇上多余的膏体与油脂，然后再涂抹一次，可以提升唇妆的持久度。

棕、藏青、紫这3种颜色虽然看起来好像毫不相干，但组合起来却会出现奇妙的化学效应，以紫色为主色调，在眼尾加入棕色与藏青色，淡淡的珠光感就如同月光的光泽，使你变成魅力十足的性感玫瑰女神。

1. 将带有淡淡珠光感的棕色眼影沿着双眼皮线在上眼皮后半部分画出5毫米宽的线条，然后用眼影刷轻轻晕染开。

2. 用眼影刷将藏青色眼影沿着睫毛根部涂抹在上眼皮的后半部分，从眼尾开始涂抹。

3. 将带有淡淡珠光感的浅紫色眼影涂在上眼皮的前半部分，从眼角开始向中间晕染，宽度与藏青色眼影相同。

4. 用眼影刷蘸取珠光感米色眼影涂抹在整个下眼睑，不要涂得太宽。

5. 用白色珠光眼线笔涂抹内眼角，绕着内眼角呈C字形涂抹，关键是涂抹得要薄，3毫米左右即可。

6. 用黑色眼线液笔沿着睫毛根部从眼角开始向眼尾勾勒上眼线，睫毛间隙的空白也要仔细填满。

7. 用睫毛夹将上睫毛夹卷后，用睫毛膏仔细地刷涂睫毛。

8. 因为眼影色较为浓重，所以不用将脸颊画得红扑扑的，从太阳穴开始向颧骨下方轻轻地涂抹腮红。

9. 用唇刷将带有红色光泽的粉色唇膏涂在整个唇部，然后用手指轻拍唇线部位，将唇膏轻轻晕开。

温暖橘与优雅卡其的交织
呈现出华丽中的沉静

USE

A. 珠光感橘色眼影

B. 珠光感青铜卡其色眼影

C. 淡淡珠光感棕色眼影

D. 淡淡珠光感象牙白色眼影

E. 黑色眼线笔

F. 纤长浓密上假睫毛

G. 无珠光感珊瑚色眼影

H. 无珠光感珊瑚色唇膏

POINTS 小提示

在选择卡其色眼影时，如果想要更加沉静的感觉，可以使用不带珠光感的产品；而如果想要更加华丽的感觉，可以选择带有珠光感的产品，比起银色珠光，含有金色珠光的卡其色眼影更适合搭配温暖的橘色。

单独使用卡其色总会觉得有些沉闷，加入橘色，为妆容注入华丽与生机，而眼影中的金色元素增加了温暖效果，将鲜嫩的橘色与优雅的卡其色完美结合，共同打造出冷静与华丽并存的暖色妆容。

1. 用眼影刷将带有珠光感的橘色眼影大面积地涂抹在上眼睑的前半部分，从眼角开始，涂抹到眼窝部位。

2. 用眼影刷将卡其色眼影涂抹在上眼睑的后半部分，双眼皮褶皱部位涂深一点，越往上颜色越浅。

3. 然后用眼影刷将珠光感象牙白色眼影点涂在上眼睑的中央部位，提亮的同时使两种颜色融合得更加自然。

4. 用黑色眼线笔沿着上睫毛根部从眼角开始勾勒出细细的上眼线，眼尾处稍稍水平拉长。

5. 用眼影刷将无珠光感的棕色眼影涂抹在下眼尾，从眼尾开始涂至中央，涂出自然的渐变感。

6. 用眼影刷将珠光感象牙白色眼影涂在内眼角：在内眼角呈"＞"形涂抹，提亮眼眸。

7. 眉笔将眉毛间的空白部分填补后，给整体眉色加一些渐变感，越到眉尾部分颜色越浓。

8. 用腮红刷将桃色腮红呈斜线刷涂在颧骨部位，然后再在腮红区域的上方刷上高光粉，增加皮肤的光泽感。

9. 用唇刷将珊瑚色唇膏涂在整个唇部，然后用米色唇蜜重复涂抹。

找回平衡的浓情双眼线
尽情享受夜店中的注目

A   B   C

D   E   F

G

USE

A. 珠光感香槟色眼影
B. 淡淡珠光感棕色眼影
C. 珠光感象牙白色眼影
D. 黑色眼线液笔
E. 浓密卷翘睫毛膏
F. 局部眼尾上假睫毛
G. 无珠光感杏色腮红

POINTS
小提示

掌握不好眼线的形状，可以先用眼线膏勾勒眼线，然后再重新覆盖上眼线液，使其不会晕染开。眼线画得太粗会与烟熏妆混淆。

去夜店前不免要精心打扮一下，可是眼线左加一点，右加一点，夸张不说，看起来还怪怪的，这时画上一条下眼线可以巧妙地找回眼妆的平衡，还可以使夸张的眼线变得柔和，毫无顾忌地展现美丽与自信。

1. 用眼影刷将带有珠光感的棕色眼影涂抹在上眼睑的双眼皮褶皱部分，眼尾部分涂宽一些。

2. 然后用眼影刷将珠光感金色眼影从眼角开始沿着眼窝涂抹，涂抹到眼部中央部位。

3. 用眼影刷将珠光感白色眼影窄幅地涂抹在下眼睑的眼角部位与卧蚕部位，使整个眼妆更加明亮。

4. 用眼影刷将棕色眼影轻轻地点在下眼角的眼尾部分，突出重点。

5. 用黑色眼线液笔沿着睫毛根部从眼角开始向眼尾勾勒上眼线，眼尾部分稍稍拉长并上扬。

6. 用黑色眼线液笔从下眼角开始贴着黏膜部位勾勒细细的下眼线，将眼尾的三角形区域填满后稍稍向下拉出线条。

7. 将睫毛夹卷后，从眼部中央开始粘贴眼尾拉长的局部上假睫毛，使眼眸看起来更加性感。

8. 用睫毛膏刷涂上睫毛，使真假睫毛自然融合，然后再用睫毛膏刷头的顶端轻轻刷涂下睫毛。

9. 用腮红刷将无珠光感的珊瑚色米色腮红涂抹在颧骨侧面，配合眼妆呈现成熟的感觉。

POINTS 小提示

唇部用无珠光感的米色唇膏涂抹，使眼妆更加凸显。

7分钟画完最美裸妆

少女时代泰妍的女神妆容
成熟闪耀的焦糖色光芒

A　B　C

D　E　F

G　H

USE

A. 珠光感香槟色眼影
B. 珠光感焦糖色眼影
C. 无珠光感深棕色眼影
D. 浓密上假睫毛
E. 黑色眼线液笔
F. 浓密卷翘睫毛膏
G. 无珠光感珊瑚色腮红
H. 米粉色唇膏

POINTS
小提示

少女时代的妆容重点就在于闪耀的珠光感，所以比起淡淡的珠光感，更应该选择带有强烈珠光粒子的产品。在涂抹高光时，从眼角下方开始分别向眼尾与鼻翼方向涂抹，营造柔和光泽。

风靡亚洲的少女时代妆容会被许多人追随，其中如女神般的泰妍更是被竞相模仿的对象，用饱含珠光粒子的焦糖色眼影营造出成熟的女人味氛围，闪耀的珠光感成为打造梦幻般女神妆容的关键。

1. 将香槟色眼影涂在整个上眼睑进行打底后，用眼影刷将珠光感焦糖色眼影涂至上眼睑一半的位置。

2. 与上眼睑相同，先在下眼睑涂抹香槟色眼影打底后，将焦糖色眼影涂在下眼尾的位置上。

3. 用眼影刷将无珠光感的深棕色眼影沿着睫毛根部窄幅地涂抹在上眼睑，从眼尾开始涂抹，越到眼尾颜色越深。

4. 用黑色眼线液笔从眼角开始向眼尾勾勒上眼线，眼尾处水平拉长，并稍稍画粗一些。

5. 下眼线从眼尾开始向眼角方向描画至黑眼球内侧，然后将深棕色眼影晕染在下眼角，与上眼线连接起来。

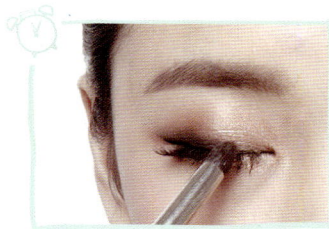

6. 用眼影刷将珠光感香槟色眼影呈"1"字点涂在上眼睑的中央，使眼睑看起来更加饱满。

7. 将睫毛夹卷后粘贴浓密的上假睫毛，然后用睫毛膏刷涂上下睫毛，使真假睫毛自然融合。

8. 用腮红刷蘸取无珠光感的珊瑚色腮红，呈Z字形刷涂在颧骨部位，越往下腮红越窄。

9. 最后用唇膏蘸取米粉色唇膏，从嘴角开始仔细涂抹在整个唇部。

7分钟画完最美裸妆

成为派对中最抢眼的主角
用华丽假睫毛突出重点

A　B　C

D　E　F

G　H

USE

A. 珠光感金色眼影
B. 淡淡珠光感象白色眼影
C. 淡淡珠光感自然棕色眼影
D. 局部浓密拉长假睫毛
E. 单株下假睫毛
F. 黑色眼线液笔
G. 双色腮红盘
H. 无珠光感亮粉色唇膏

POINTS
小提示

在混合粉色腮红与橘色腮红时，如果想要更加可爱的感觉，就多加入一些粉色腮红；如果想要更加活泼的印象，可以提升橘色腮红的比例。

派对妆容虽然华丽,却也去除掉了色彩感,利用黑色的眼线与假睫毛打造出有重量感的妆容。腮红中粉色与橘色的融合,给人带有活泼可爱的感觉,利用珠光的光泽感,在灯光下使妆容更加美丽耀眼。

1. 用眼影刷冷带有珠光感的金色眼影涂抹在整个上眼睑,从眼角开始向眼尾涂抹,涂出自然的渐变感。

2. 用眼影刷将金色眼影涂抹在下眼睑的前半部分,然后向眼尾方向轻轻地晕染开。

3. 用眼影刷将带有淡淡珠光感的白色眼影涂抹在下眼睑的后半部分,然后向前晕染开,与金色眼影自然融合。

4. 用眼影刷蘸取棕色眼影,沿着睫毛根部窄幅地涂抹在上眼睑,眼角处稍稍加重颜色。

5. 用黑色眼线液笔从眼角开始勾勒有一定粗度的上眼线,眼角处拉长并上扬,下眼线只勾勒后半部分就可以了。

6. 出席派对当然少不了假睫毛的帮衬,可以选择款式较为华丽的假睫毛,粘贴在整个上眼睑。

7. 在下眼睑后半部分粘贴下睫毛,选择单簇下假睫毛,根据自身眼形的大小粘贴3～4簇就可以了。

8. 将粉色腮红与橘色腮红进行混合,用腮红刷从眼尾外侧靠近发际线处开始向颧骨呈S形进行涂抹。

9. 用唇刷将亮粉色唇膏从嘴唇内侧开始向外侧涂抹,颜色越来越浅,呈现出自然的渐变感。

7分钟画完最美裸妆

黑色烟熏的高雅魅惑
都市中的冷酷性感丽人

A B C

D E F

G

USE

A. 淡淡珠光感浅米色眼影
B. 无珠光感的棕色眼影
C. 淡淡珠光感黑色眼影
D. 铅笔式浓黑眼线笔
E. 纤长防水睫毛膏
F. 无珠光感米色唇膏
G. 珠光感珊瑚色腮红

POINTS
小提示

如果觉得眼影的画法太麻烦，画不出想要的效果，可以直接在眼窝以下的部分整体涂抹黑色眼影，然后在双眼皮褶皱部分的中间涂抹明亮的米色眼影，有范围地进行晕染，晕染出自然感。

在整个眼睑晕染黑色眼影的烟熏手法已经太过普遍，而且容易使眼皮显脏，比起大片的涂抹，将重点放在眼尾，晕染在眼窝上以突出眼部轮廓，而其他部分加入珠光感的米色眼影，用光泽感提升自然感，更能展现性感高贵气质。

1. 用珠光米色眼影在整个上眼睑进行打底后，从眉头下方开始向眼角涂抹无珠光感的棕色眼影，提升立体感。

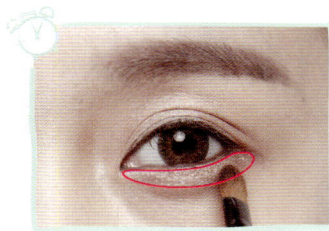

2. 用眼影刷蘸取珠光感米色眼影较宽幅地涂抹在整个下眼睑。

3. 用眼影刷将黑色眼影在眼窝上轻轻地进行晕染，画出强调眼窝的标准线，眼尾颜色重一点，越到眼角越浅。

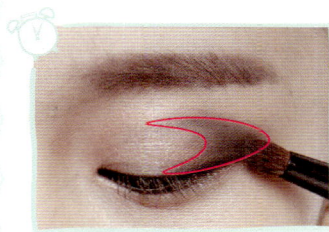

4. 用眼影刷在眼尾部位晕染黑色眼影，不要超过标准线，呈 U 字形进行涂抹，晕染出自然的渐变感。

5. 用眼影刷蘸取黑色眼影，涂抹在整个下眼睑，宽度比步骤 2 中涂抹的米色眼影较窄一些。

6. 为了让眼形看起来长一点，可以在眼尾处添加黑色眼影，将上下眼影连接起来，加重眼影颜色。

7. 用黑色眼线笔沿着上睫毛根部仔细地勾勒纤细上眼线，将睫毛间隙填满。拉长眼线的眼尾部分，要微微上挑，折角要圆滑，画出 1 厘米左右的粗眼尾。

8. 用睫毛夹将上睫毛夹卷后，粘贴假睫毛使眼部轮廓更加清晰，然后用睫毛膏轻轻刷涂。

9. 将带有淡淡珠光感的珊瑚色腮红从脸颊中央开始向颧骨外侧涂抹，用腮红刷呈画圈状涂抹。